中国科协国家级科技思想库建设丛书

城市照明发展方向与节能降耗问题研究

黄跃辉　主编

U0343203

中国科学技术出版社
·北　京·

图书在版编目(CIP)数据

城市照明发展方向与节能降耗问题研究/黄跃辉主编.
—北京:中国科学技术出版社,2013.3
(中国科协国家级科技思想库建设丛书)

ISBN 978-7-5046-6308-5

Ⅰ.①城… Ⅱ.①黄… Ⅲ.①城市公共设施-照明-节能-研究 Ⅳ.①TU113.6

中国版本图书馆CIP数据核字(2013)第027804号

出版人 苏 青
责任编辑 许 慧 周晓慧 高立波
封面设计 李 丽
责任校对 刘洪岩
责任印制 张建农

出 版 中国科学技术出版社
发 行 科学普及出版社发行部
地 址 北京市海淀区中关村南大街16号
邮 编 100081
发行电话 010-62173865
传 真 010-62179148
投稿电话 010-62176522
网 址 http://www.cspbooks.com.cn

开 本 787mm×1192mm 1/16
字 数 250千字
印 张 10.75
版 次 2013年3月第1版
印 次 2014年12月第2次印刷
印 刷 北京长宁印刷有限公司

书 号 ISBN 978-7-5046-6308-5/TU·94
定 价 32.00元

(凡购买本社图书,如有缺页、倒页、脱页者,本社发行部负责调换)

中国科协国家级科技思想库建设丛书

编 委 会

主　　任：王春法

成　　员：罗　晖　王康友　朱文辉　郭　昊

许向阳　周大亚

编委会办公室

郭　昊　许向阳　周大亚　张晋香

甘超华　薛　静　马晓琨　尚少鹏

沈林艺　杨富国　付美华

城市照明发展方向与节能降耗问题研究
编 委 会

总 顾 问： 仇保兴

顾　　问： 李东序　顾文选

课题组组长： 黄跃辉

课题组成员（以姓氏笔画为序）

马　剑　叶　峰　朱荣远　许嘉梁　刘　缨　陈　郊

张　霞　张明宇　郑　松　周兰兰　赵建平　赵金兴

秦大海　高京泉　梁　峥　董　军　廖志梅

总 序

科学决策是科学发展的前提。组织广大科技工作者紧紧围绕国家经济社会发展中的重大问题，开展深入调查研究，把科技工作者的个体智慧凝聚上升为有组织的集体智慧，服务科学决策，引领社会思潮，科协组织有传统、有成绩，也有特色、有优势。习近平同志在中国科协八大开幕式上代表党中央所致的祝词，明确要求科协组织“充分发挥党和人民事业发展的思想库作用，积极推动科学家之间的交流，推动科学家同决策者和社会公众之间的交流，启迪创新思维，增进创新氛围”。胡锦涛同志在纪念中国科协成立50周年大会上发表重要讲话，殷切希望我国广大科技工作者加强调查研究，积极建言献策，提出有针对性、可操作的对策建议，为社会发展提供启迪，为治国理政提供良策。中央书记处也突出强调科协组织“要注重把科技工作者个体智慧升华为有组织的集体智慧，在推进国家级科技思想库建设中更好地为党和政府科学决策服务”。党和人民的殷切期待，就是我们义不容辞的努力方向。

为坚决贯彻落实中央指示精神，2010年7月，中国科协印发《关于加强决策咨询工作　推进国家级科技思想库建设的若干意见》，对科协系统有序推进国家级科技思想库建设作出顶层设计。几年来，我们紧紧围绕“科技”做文章、围绕科技工作者做文章，发挥优势、展现特色，扎实推进国家级科技思想库建设。通过实施“学会决策咨询资助计划”，开展重要学术会议成果提炼，科协所属学会的决策咨询地位更加突出。通过开展地方科协科技思想库建设试点工作，初步形成多层级、跨区域的科协决策咨询工作体系，决策咨询成为新时期科协工作的重要亮点，科协系统决策咨询能力稳步提升，社会影响日益扩大。

为集中展示近年来中国科协国家级科技思想库建设成果，更好地发挥服务科学决策、引领社会思潮的作用，中国科协调研宣传部决定在整合原有“中国科协科技工作者状况调查丛书”和“中国科协政策研究丛书”基础上，推出“中国科协国家级科技思想库建设丛书”。本丛书的成果，既包括中国科协立项资助的调研课题完成的成果，也包括全国学会和地方科协组织完成的调研成果；既包括我国科技工作者队伍发展状况的调研成果，也包括科技工作者利用专业优势针对国家经济社会发展重大问题的调研成果。正是由于成果来源和内容的多元化特点，我们坚持文责自负原则，尊重各书著者的知识产权，尊重各书的体例结构和表述习惯，只在装帧设计上求得风格统一。

国家级科技思想库建设是一项长期任务，思想库建设丛书的编印出版也是一项全新的工作，囿于经验不足，不可避免地会存在这样那样的问题，欢迎读者批评指正，以使我们能进步得更快。本丛书的编印出版，若能对相关工作有所裨益，更是我们倍感欣慰的事情，也是我们进一步推进国家级科技思想库建设的动力源泉。

丛书编委会

2013年3月

序

当前，全世界面临着巨大挑战——温室气体大量排放，导致全球气候变化而引发一系列的问题。在全球气候变暖背景下，应对气候变化、降低温室气体排放由此就成为了人类社会前所未有的共识。

城市作为人类最恢宏巨大的构建物，从诞生的第一天起，就凝聚了人类所有美好的梦想和最新潮的技艺；城市照明作为城市必不可少的元素，是延续人们夜晚活动时间和空间的重要保障，也是体现社会文明程度和文化价值取向的重要载体。然而，城市在承载着人类发展物质与精神文明汇聚的核心的同时，消耗了地球上85%以上的资源和能源，排放了同等规模的废气废物；城市照明在延长了人类的活动时间、拓展了行动空间的同时，加剧了能源消耗和温室气体的排放。

特别是近年来，我国城市照明行业近年迅速发展，城市照明设施平均增长率在10%～20%，发达地区有些城市甚至更高。另外，有些城市盲目追求高亮度、大规模的景观照明，功能照明景观化，形象工程、临时工程不断出现……这些因素无疑加剧了城市照明能源消耗不断增加。因此，当前城市照明面临着发展与节能的尖锐矛盾，解决城市照明中的节能降耗成为目前城市照明的重要任务。

值得庆幸的是，越来越多的人意识到，面对资源枯竭、环境恶化、气候变化所带来的共同挑战时，节能减排、绿色低碳成为城市照明发展的必然选择。《城市照明发展方向和节能降耗问题研究》课题研究适时而作，通过全面的现状调研、科学的分析方法、专业的理论阐述、独到的行业见解，为城市照明行业指明了发展方向，提供了学习与沟通的平台。着力从政策法规、标准规范、规划设计、管理体制、工程建设、产品技术、信息管理等几大方面，探寻落实节能减排的方法和途径，实现行业科学发展。

课题经整理出版成册，以提高公众在城市照明领域节能减排意识，提升行业对可持续发展的认知，在城市照明领域，为实现人、城市、自然和谐共处，继续不断探索。

仇保兴

2012年11月21日

前 言

城市照明与我们的生存条件和生活品质密切相关，城市功能照明和景观照明，既是城市功能与景观在夜间的延伸，也是城市物质形态与精神文化的丰富和提升。人类文明从未停下脚步，城镇建设日新月异。然而，在社会经济迅速发展的同时，也伴随着能源的巨大消耗和环境的严重破坏。自然与科技理应并行，利用能源、通过技术及艺术手段创造的人工光环境——城市照明，未来将如何发展？

总结以往、面向未来，《城市照明发展方向与节能降耗问题研究》课题以专业的行业视角、全面的知识体系和客观的基础数据，力求为推进城市照明行业的正规化发展提供信息指引和方向指导。通过研究城市照明的发展历史与现状、总结发展规律、定位行业发展的方向，将节能理论、技术、产品和保障体制作为关注的目标，制定节能降耗实施措施，着力为城市照明行业指明一条科学发展道路。

低碳照明是绿色照明的发展和完善，是低碳城市的有机组成部分，是全系统、全过程低能耗、低排放和低污染的照明方式。通过“课题”的深入研究，对“十一五”期间我国城市照明行业的现状及节能降耗实施情况进行了客观的剖析与总结，为推进“十二五”期间城市照明行业的规范化、科学化、可持续发展，提出了相关的建议及措施，为实现城市照明从“绿色”走向“低碳”做出了积极的探索。

“课题”结题至今约两年，调查报告章节中的部分数据已发生一定变化，报告中所涉及的相关数据应以目前最新数据为准。国家相关部委在课题研究的基础上，结合城市照明行业现状情况，陆续发布了《半导体照明节能产业发展意见》、《关于加快推行合同能源管理促进节能服务产业发展的意见》、《城市照明管理规定》、《关于切实加强城市照明节能管理严格控制景观照明的通知》等相关指导文件。经过对“课题”报告的整理，汇编成册，并将上述最新文件收录至附录中，供读者参阅。不足之处，敬请读者批评指正。

本课题的研究及成果出版，得到了中国科协的资助和大力支持，在此致以衷心的感谢！

各章的主要编写者为：

第一章　黄跃辉、赵建平、叶　峰、许嘉梁、梁　峥

第二章　马　剑、张明宇、黄跃辉、叶　峰

第三章　黄跃辉、许嘉梁、叶　峰、郑　松、赵金兴、秦大海、董　军

第四章　梁　峥、朱荣远、陈　郊、张　霞、刘　缨

第五章　赵建平、高京泉、廖志梅

目　　录

摘　要

随着我国现代化建设的发展和城镇化进程的加速，城市照明同步迅速发展。城市照明对满足人们夜间交通和社会活动的功能性需求，展示城市文化内涵，彰显城市经济水平，繁荣城市夜间经济，促进城市旅游商贸发展，提升市民人居环境质量，美化城市夜间景观等，都发挥了积极的作用。

但是在城市照明领域还存在不少问题，如盲目追求高亮度、大规模的景观照明，功能照明景观化，形象工程、临时工程、长官工程不断出现，造成能源消耗不断增加，城市光污染问题日益突出，其主要原因在于我国城市照明缺乏统一规划，管理体制多头，行业自然垄断，加之照明产品技术水平不高，从而导致城市照明的节能降耗目标常常得不到有效落实。

据统计，我国照明用电量占全社会总用电量的12%，已接近美、日等发达国家，而城市功能照明和景观照明用电占城市照明总用电的40%，比重较大。研究证明，通过运用目前比较成熟的节能技术和措施，可以达到节能30%以上的目标，城市照明节能空间巨大。因此，科学发展城市照明行业，以“舒适、高效、节能、环保”为发展方向，理顺管理体制，创新节能降耗机制，解决城市照明发展与节能的矛盾，十分必要和迫切。

1　我国城市照明行业的现状

1.1　发展迅速

随着社会经济的快速发展与人们生活品质的不断提高，城市环境建设与改造更新已经成为城市规划、设计和建设的重要内容，其中城市照明作为夜间城市环境创造的最主要内容，其建设发展在世界范围内正在悄然兴起，我国近年来的发展尤为迅猛。

我国的城市照明已从早期的道路功能照明阶段，进入目前涵盖功能照明和景观照明的新阶段。20世纪90年代开始，随着国民经济的发展和城市的不断扩展，城市照明随之飞速发展，其中景观照明发展速度尤为迅猛。近年来，城市照明设施平均增长率在10%～20%，发达地区有些城市甚至更高。最近3年内，不少城市的景观照明设施数量迅速增长，甚至超过了功能照明的设施数量。初步统计，我国照明行业已形成2000多亿元的规模。

1.2　用电量大

根据国家统计局数据显示，我国2006年总发电量为28344亿千瓦时，其中照明电力消耗占12%，其他电力消耗占88%；而城市照明占照明总用电比例为40%，其他建筑内照明占60%。

按此比例，我国仅在 2006 年城市照明用电约为 1360 亿千瓦时，相当于 1.7 个三峡电站 1 年的发电量。

1.3 节能潜力巨大

根据对全国多个城市的调研，分析城市功能照明、景观照明、广告照明的能耗及照明规划、管理体制的节能潜力，实现原建设部提出的“十一五”期间节能 25% 的目标，有充分的技术可能性和实施可行性。如果各项节能措施得以落实，保守估计“十一五”期间可节约用电 1320 亿千瓦时，减少二氧化碳排放 3800 万吨，减少二氧化硫排放 120 万吨。

1.4 行业发展不均衡

由于体制机制、法规标准、技术水平和建设管理等方面存在的问题，我国城市照明行业，无论是规划设计、建设管理、照明节能技术、产品产销和节能环保等各个环节，普遍存在着参差不齐、良莠混杂、缺乏约束的失控现象，已严重影响城市照明行业的健康发展。

2 我国城市照明行业节能降耗工作中存在的问题

我国城市照明行业在迅速发展，不断实践、积累经验、逐步提高的同时，还存在一些亟待解决的问题。

2.1 政策法规、标准规范不全

由于照明行业近年来的飞速发展，虽然通过有关部门努力，出台了不少相关政策法规和标准规范，但还存在不少内容滞后、与现状脱节以及缺项空白的现象。特别是一些促进新能源新光源发展的新法规新规范尚未出台，使城市绿色照明工作在推进过程中经常遇到无法可依或有法难依的情况。政策法规的缺失，监管办法的不到位，也使检查考核缺乏制约手段，对于违反相关规定或标准规范的行为，得不到有效制止。

2.2 城市照明建设管理无序

在城市功能照明中存在“重建设，轻维护”的问题。功能照明中舍本求末、景观化趋势日益增加，过度追求灯杆、灯具造型和外观上的变化，有些甚至以不适宜作为功能照明的景观灯、庭园灯取代路灯，提高了城市照明成本，造成严重的光污染和能源、材料消耗，灯型、杆型过分花哨，甚至每条道路都不同，造成后期检修维护的不便，大大增加了维护成本。

城市景观照明没有结合城市功能和景观资源特征，不分主次，没有重点，盲目追求大规模、高亮度、多色彩，在城市中大量使用大功率投光灯、激光等，进行夜空表演。尤其是被群众称为政府形象工程的项目，几乎每条道路临街建筑、绿化全部亮化，直接造成了工作的被动和无序，白白浪费了有限的资源。

由于多头管理体制等因素，功能与景观照明互不协调，各自为政。功能与景观照明规划设计缺乏关联和优化，直接加大了能源消耗，增加了光污染。

2.3 市场推广难度大

信息不畅、投入少、研究开发力度不够。目前国内照明节能产品的质量与国际水平相比差距较大，关键设备自主开发能力弱，原材料和配件的发展不协调，能够获得消费者认同的名牌产品少。假冒伪劣的照明产品对市场冲击很大，部分生产企业靠牺牲产品质量抢占市场，影响了高效照明电器产品的形象，消费者对使用高效照明电器产品缺乏信心。

激励政策不完善、配套法规不完善，缺少鼓励高效节能照明电器产品生产、使用的财政和税收优惠政策。推广高效照明产品缺乏有效的投融资渠道和激励机制，缺乏有效的市场监管，企业良性竞争的机制尚未形成，一些假冒伪劣产品充斥市场，不能够对企业进行有效监督，一些推荐性标准的实施效果还很差。

消费者缺乏信息和市场引导。面对数量多、分布散的照明节能产品，难以在市场上方便地选购到优质可靠的高效照明电器产品。特别是一些市场招标工程的低价中标方式，为一些靠低价低质竞争的小企业创造了市场，破坏了照明节能产品在消费者心目中的形象，又不利于符合标准的优质产品企业的发展。

建设单位、施工单位以及管理单位在照明工程中不注重采用节能高效产品。由于缺乏有效的监督管理机制，工程验收时照明的效果及实际耗能不在验收范围之内，有时实际情况距离标准的要求相差很远。节能工作与效益不挂钩，推进绿色照明缺乏积极性，导致照明节能产品的占有率不高。大量使用低效照明设备，使照明工程项目能耗较高，电能浪费严重，加剧城市用电的紧张。

2.4 缺乏长效管理体制和机制

原建设部提出城市照明在“十一五”期间的节能目标为25%，以节能为主题的绿色照明工程也被列为国家“十一五”十大节能重点工程之一，但是在推进过程中，效果却不显著。体制不顺、机制不畅是导致节能工作无法高效深入推进的重要原因之一。

现行照明管理单位大多隶属不同行业和部门的事业单位，且95%以上的城市功能照明与景观照明是分头管理，缺乏较稳定的集中统一、高效管理体制，又缺乏推动绿色照明的激励机制，没有将此项工作作为向全社会提供公共产品的系统工作，仅靠“阶段性运动式”推进绿色照明工作，导致绿色照明工作流于形式，无法真正深入贯彻执行和全面展开推广。

节能政策在具体操作中和现行体制及利益分配机制不相匹配，国家整体的长远利益和部门短期利益之间存在着一定的矛盾，这对节能工作的深入开展产生了相当大的阻力。照明管理没有实行建管分开，形成自然垄断，缺乏监督机制和奖惩机制，也严重制约了节能工作的推进。

3 采取综合措施，大力推进城市照明节能降耗

为促进城市照明的健康发展，做好城市照明节能降耗工作，要在以人为本、全面协调可持续的科学发展观指导下，明确现阶段我国城市照明工作的目标：服务城市经济社会发展，以城市功能照明为主，适当发展景观照明；在城市总体规划的框架下，组织制定城市照明规划；建立符合我国国情的城市照明管理体制和机制；运用市场方法，发展和繁荣优质高效、经济舒适、安全可靠、节能环保的城市照明行业。城市照明是涉及不同行业和部门的一项综合性工作，又是集新光源、新材料研发，规划设计，

产品生产销售，建设施工运营等多环节，产业关联长的系统工程，须采取综合措施。

3.1 健全照明节能法律法规，完善标准规范体系

加快制定和修订城市绿色照明相关的法律法规和规章制度，尽快出台《城市照明节能技术规定》和《城市照明节能监管办法》等政策文件，通过政策引导来促进节能降耗工作的推进。

进一步完善节能相关的标准和规范体系，加强城市照明产品能效标准体系建设；加快研究、起草、制订、完善各类照明产品的能效标准，完善城市照明节能评价体系。

3.2 推进照明体制改革，完善建设管理机制

供电部门不宜从事城市照明管理工作。供电部门是以电为商品的经营性企业，用电量是其企业的目标和利润所在，所以供电部门在客观上存在与节能降耗工作的利益矛盾。目前，还有不少城市的照明管理单位，仍然隶属于供电部门，这种政企不分的体制已严重制约和阻碍了节能降耗工作的开展。

改革管理体制，按照“有利管理，集中高效”的原则，积极探索将城市照明管理统一到一个部门，集中行使管理职能，提高资源的利用率，有效落实各项政策。

建立地方政府、行业管理部门城市绿色照明、节能目标责任制，节能工作纳入对各级政府的考核内容。尽快建立能效领域的市场准入制度；健全能效标准实施与监督机制；采用大宗采购和质量承诺等市场机制和财政补贴激励机制。切实加强专业管理，规范市场竞争，坚持建设改造与维护管理并重，进一步完善管理机制。

以市场为导向，实施“合同能源管理”。城市照明行政主管部门聘请专业服务机构参与城市照明节能工作，以政府投资或BOT的方式，切实加强管理，达到节能的目的。专业服务机构的投入产出或利润则来源于因耗能减少而节省的部分财政费用。以“合同能源管理”为代表的外部引入方式，可以吸引全社会的技术和资金来推动城市照明节能工作，既不增加财政投入，又可取得各方多赢的效果，将有效地推动节能工作持续性地展开。

3.3 抓好规划编制工作，强化规划指导作用

城市照明专项规划应纳入城市规划的制度和管理体系。照明专项规划应出台相关标准、规范及配套政策、法规。强化规划指导作用。根据规划要求明确城市照明工作的实施原则，做到规划、设计、建设和管理统一协调。通过规划严格控制城市景观照明的范围、照（亮）度和能耗密度指标，明确节电的指标和措施，做到合理布局、主次兼顾、重点突出、特色鲜明。

优先发展功能照明。消灭“有路无灯，有灯不亮”的现象，以及现状城市照明中的盲点，做到功能照明全覆盖。在新建项目中，严格执行国家相关节能标准，推广使用高效节能光源和灯具，以及节能降耗控制系统，严格控制能耗水平。

对于最新研究成果和新技术、新材料，应先进行测试和检验，并在局部试用，效果达到相关标准后再纳入规划进行推广，不成熟的产品和技术不进入规划设计。切忌盲目追求“高、新、特”。技术经济比较应考虑系统全寿命周期。

严格控制景观照明。根据不同城市规模和特色，结合城市功能布局和分区，合理确定照明区域。对于体现城市人文和自然特色的区域、节点和路径，进行适度的景观

照明，切忌一哄而上，全面开花。

功能照明与景观照明协调发展。通过控制规模、强化重点、区别对待、有取有舍，加强标准制定和标准化工作，从源头上控制能耗载体的规模和数量，实现绿色照明和节能减排的目标。

3.4 规范照明工程建设，落实设施长效管理

城市照明工程的设计和施工必须严格执行国家部委有关照明节能的标准和要求，规范城市照明建设市场秩序，实行规划、设计和施工的专业资质管理制度。

建立相应的监督管理机制，推动市场约束机制的建立，辅助政府的质量监管。加强施工图审查制度，完善工程验收制度，强化设计、验收工作中对于节能指标的审查。特别是新建、改建的工程必须进行施工图设计文件审查。施工图未经审查合格的，不得使用，不得颁发施工许可证。工程验收时将照明的效果及实际耗能作为验收的必备因素，不符合设计要求的不得竣工。

实行城市照明集中管理，因地制宜逐步落实建管分离。施工、养护积极引入竞争机制，科学合理地建设和管理城市照明设施。逐步建立和完善城市照明设施的维护、控制、投入保障等方面的配套制度，依法打击各类盗窃和破坏城市照明设施的行为，落实城市照明设施的长效管理。

3.5 推广照明节能技术，采用高效低耗产品

在城市照明工作中要大力推广节能技术和节能措施，鼓励使用符合绿色照明技术的新材料、新技术、新设备。进一步规范市场行为，扶持生产城市照明优质高效产品的企业提高科技水平，鼓励引导自主创新，扶持国内企业加大自主产品的开发力度，提高产品科技含量，创造具有自主知识产权的知名品牌，增强市场竞争力。同时，要加大太阳能、风能等新能源转换效率及蓄电技术的攻关、研发力度，争取新能源在城市照明中大规模使用，实现城市照明的源头节能。

制定高效照明工艺、技术、设备及产品的推荐目录。城市照明的光源、灯具和控制系统的使用，应优先选择国家绿色产品目录中的产品；优先采购规模型、质量型、绿色型的器材，优先采购通过绿色节能照明认证、经过专业检测审核或通过环境管理体系认证的产品。适时公布工艺、技术、设备及产品落后的淘汰目录。正确引导社会消费意识和行为，通过绿色采购正确引导社会意识和行为，购买和使用符合节能降耗要求的绿色照明产品。

3.6 提高信息管理水平，增强科技支撑能力

建立和完善城市照明信息交流平台，为节能工作提供技术支持。开展绿色照明新型节能产品、新工艺、新技术研究；加强重大关键技术的科技攻关、技术开发和应用；加快相关制造业的产业升级；加强科技创新基地和国家重点城市照明专项实验室及检测技术中心建设；建立以城市地理信息系统（GIS）平台为基础的信息化管理系统，实现高标准、高质量、高水平的城市照明管理目标，促进提高城市照明设施养护管理效率；加强城市照明行业人才培养；开展国际城市照明节能的合作与交流，学习借鉴国外先进节能技术和经验。

3.7 推进城市绿色照明，扩大示范工程效应

开展城市绿色照明示范工程活动。示范工程以推动节约能源、保护环境、提高城市照明质量、改善城市人居环境为目标，通过示范工程的实施，提高城市照明行业的节能环保意识。建议在1~2年的时间内，在全国每个地级市范围内至少创建一个示范项目，作为绿色照明的样板工程，不断总结经验，做好宣传推广工作，扩大示范效应。考虑先在经济发达地区的城市中开展，然后向全国辐射。

3.8 加大节能宣传力度，提高社会节能意识

利用各种社会宣传平台，深入持久开展城市绿色照明宣传。提高全民节能意识，动员全社会都来关心和支持城市照明节能工作，尤其要加强对各级领导和管理人员的绿色照明的宣传；通过培训班或研讨会等方式普及节能知识；增加政府对绿色照明宣传的投入；设立绿色照明宣传专项资金。

第1章　综　述

开展城市照明发展方向与节能降耗问题研究的目的，是对我国城市照明工作形成科学统一的认识，揭示城市照明工作中的问题，指出城市照明工作的发展方向，明确节能降耗工作在城市照明领域的迫切性和重要性，汇总归纳目前存在的问题，分析其产生原因，确立推动节能降耗工作的指导思想和实施原则，提出切实可行的实施措施和相应的政策保障和技术保障。希望《城市照明发展方向与节能降耗问题研究》能给我国城市照明工作以科学指导，使其为我国城市照明的发展和节能降耗工作建言献策。

- **总目标**

本项目的总目标为：以科学发展观统领全局，认真贯彻落实节约资源和保护环境的要求，认真贯彻落实我国“十一五”城市照明规划纲要明确的任务和要求。坚持以人为本，坚持节能优先，以健全法规标准、强化政策导向、优化产业结构、加快技术进步为重点，依法管理，创新机制，完善政策，加强宣传，构建绿色、健康、人文的城市照明环境，提高城市照明发展质量和综合效益。

- **研究目标**

本项目课题研究目标为：研究城市照明的发展历史与现状，总结发展规律，以科学发展观为指导，定位行业发展的方向；总结分析存在的问题，明确节能降耗工作的重要性和意义，指明我国城市照明节能降耗的方向；研究节能理论、技术、产品和保障体制，制定实施措施以落实节能降耗工作。

- **工作任务**

本项目课题研究主要工作任务为：研究城市照明发展的历史、现状和发展方向；研究城市照明发展过程中存在的问题；研究城市照明中节能降耗工作的重要性和意义；研究城市照明中节能降耗的理论、技术和相关产品；研究城市照明中节能降耗的指标和评价体系；研究如何科学高效的推动和开展城市照明节能降耗工作。

1　城市照明的发展方向

1.1　城市照明的定义和研究对象界定

1.1.1　城市照明的定义

随着社会经济的快速发展与人们生活品质的不断提高，城市环境建设与改造更新已经成为城市规划、设计与建设的重要内容；其中城市照明作为夜间城市环境创造的最主要内容，其建设发展在世界范围内正在悄然兴起，我国近年来的发展尤为迅猛。

而另一方面，国内对于城市照明的理论研究却相对滞后，与其热火朝天的实践活动形成了一定程度的脱节，甚至关于城市照明主题的文字性称谓也呈现各执一词、众说纷纭的状态，这是由我国城市照明发展仍处于初级阶段的时代特性所决定的，是城市照明研究不断向前发展的必经过程。对城市照明这一学科研究中的相关术语或规范进行科学化的定义与编制已经是迫在眉睫，而选取最能涵盖本学科领域的合适名称则是将其科学化、规范化、标准化的基本任务。

对城市照明的科学定义首先成为我国城市照明专业研究步入规范化的标志点，同时我们需要对关于城市照明主题的各种称谓、命名进行辨异或统一，因为命名的恰当与否直接影响到科学定义的内容，不恰当的命名会导致理解的偏差。

目前城市照明比较恰当的定义应为：城市照明是指在城市规划区内城市道路、隧道、广场、住宅区、公园、公共绿地、名胜古迹以及其他建（构）筑物的功能照明或者景观照明。功能照明是指通过人工光以保障人们出行和户外活动安全为目的的照明；景观照明是指在户外通过人工光以装饰和造景为目的的照明。

1.1.2 城市照明的内涵与外延

城市照明的内涵是指利用城市公共区域内的照明设施，给城市物质元素以一定的光通量与光分布。

按照城市元素的类型或按照城市照明的运作过程可以扩展其外延，如城市照明规划、城市公共交通照明、城市公共空间照明、城市照明设计、城市照明工程施工、城市照明控制与管理、城市光环境保护、城市广告照明、建筑景观照明、城市照明供配电等。

城市照明的内涵反映的是词汇的本质含义、本质属性。其外延列举的是城市照明的分项范围，其内涵与外延共同构成了城市照明的综合体系。

关于城市照明的范围界定，全面反映了目前国内城市照明行业的实际情况，准确地界定了城市照明的范畴。城市照明是一门综合学科，融会了建筑学、心理学、生理学、物理学、美学、行为学等学科的知识，涉及城市建筑、城市规划、城市景观、市政公用、供配电等专业内容。城市照明在城市空间尺度上集中体现了照明工程的功能性、艺术性、以人为本以及可持续发展等综合要求。通过专业人员的规划、设计、安装实施与管理维护等过程，利用人工光源塑造城市夜间环境，对城市发展具有重要的影响作用。

1.1.3 城市照明相关名称辨异

现阶段，我国对城市照明的称谓可以说是五花八门：如亮化工程、光彩工程、光亮工程、亮起来工程；灯光工程、装饰照明、艺术照明、泛光照明、灯光景观、灯饰亮化工程；城市景观照明、城市夜景观、城市灯光环境、室外照明等等。城市照明领域之所以在短时间内涌现出这么多称谓各异的名称，是由于国内照明建设仍处于初期阶段、项目参与方纷杂以及缺乏条理的项目设计程序的状态所决定的。下面对这些称谓进行比较分析，在辨异的过程中对城市照明概念获得更为确切、清晰的理解。

亮化工程、光彩工程、光亮工程、亮起来工程等称谓具有一种口号性质，一种倡导与号召，它反映了城市发展的延伸状态。但是“光”、“亮”、“彩”等关键字虽然是一种技术词汇，但考虑到它们所表达的视觉印象，则体现的是政府对于城市照明建设的一种热情或感情色彩，很容易导致片面的理解，出现各地城市过于盲目的亮度攀比、色彩花哨等照明建设效果，无法对城市照明发展进行科学的引导。而且“光彩工程”在国内外的原意是指捐助性的公益活动，更加容易引起歧义。

灯光工程、装饰照明、艺术照明、泛光照明、灯光景观、灯饰亮化工程等称谓通常是灯具制造商或者灯具安装工程公司提出的名称。总体而言，它们体现的是一种微观尺度的照明思考，与“城市”的宏观尺度相距甚远。而且，出于商业运作的动机，这些词汇过多的突出了“灯”、“灯饰”、“装饰”甚至是将“艺术”词汇也搬进来，作为商业标榜的包装筹码。这些称谓容易将项目决策者对于城市照明建设的关注点引向具体化的灯具安装，忽略了照明的本质目的——获得光的特定效果，更加无法将目光引向城市印象、城市环境的原本层面。

城市夜景照明、城市夜景观、城市灯光环境、城市景观照明、室外照明等这些词汇一般为规划设计部门所定义的。相对而言，这些词汇体现了“城市”的宏观尺度，而且在词义表达上具有特定的客观性与准确性。但是鉴于城市照明是一门集技术性、工程性、艺术性于一体的综合性概念，这些词汇还是在某些方面未尽其意。如“城市夜景照明”、“城市夜景观”、“城市景观照明”词汇界定了城市的尺度与夜的属性，但是却重视了照明与景观的关系而弱化了照明的功能性。“城市灯光环境”一词比较强调“灯光”，但照明的最终目的是获取光效，甚至是忘记灯的存在。“室外照明”词汇的应用来源于国外照明研究中的“exteriorillumination”与“outdoorlighting”等，但是在城市照明的建设实践中很难完全界定室内、室外照明的界限，比如围合广场空间的重要建筑界面的内透光照明对于城市公共空间的影响也是不容忽视的。

现阶段国外对于城市照明研究的词汇越来越多的应用“urban1ighting”、“citylighting”等，这表明了对“城市照明”这一词汇中肯性与客观性的认可。“城市照明”不仅限定了专业尺度，而且不带有附加的、容易产生引导性的限定词，用最简洁的方式体现了专业领域的技术性、工程性、艺术性和空间性等综合角度的考虑。

1.1.4 城市照明的研究范畴

城市照明的研究范畴主要有：城市功能照明和景观照明，景观照明包括城市公共建筑与构筑物照明、城市景观要素照明、城市广告标识照明等。

（1）城市功能照明

主要包括机动车车道、非机动车道、人行道、地下通道、桥梁、广场、停车场等公共交通区域范围的功能照明。

在现代城市照明体系中，城市功能照明扮演着相当重要的角色。它为城市居民提供最基本的夜间活动的街道和位置辨识能力，而且良好的道路街区照明也使城市居民在夜间活动有足够的安全和舒适感。同时道路街区系统照明也是整个城市夜间商业，游览，休闲，娱乐活动组织的框架。人们在夜间通过被照亮的广场、道路街区来组织各种活动，同时也感受和欣赏他所处的环境。

（2）城市公共建筑与构筑物景观照明

主要包括重点建筑、历史建筑、旅游建筑、地标建筑、建筑群落及其街区空间等区域范围的照明。夜间的灯光照明能够创造出非常戏剧化的效果，从而强调城市丰富的文化特征和内涵。城市重要入口，重要建筑，建筑群天际线，以及景观和建筑动态视点，重点建筑、历史建筑、旅游建筑、地标建筑是城市形象的重要节点。对于这些节点应该鼓励用合适的装饰照明手法来表现它们。

（3）城市景观要素照明

主要包括绿化、雕塑、小品、座椅、水池、喷泉等区域范围的景观照明。以城市景观要素来界定室外空间，通过强调景观要素来营造有吸引力的夜间环境。增加室外夜景观的空间深度与层次，使人在户外环境工作或休闲时感到更安全，更舒适。

（4）城市广告标识照明

主要包括光源广告标识、灯箱广告照明、泛光照明标识、橱窗照明、光纤照明的照明。霓虹灯、灯箱、带有灯光照明的广告牌等户外广告，起着商品宣传、艺术享受、辅助照明（相当于一个面光源）等作用，有益于信息的收集、传递，并增加了城市的活力。

1.1.5 城市照明相关术语

（1）绿色照明（green lights）

绿色照明是节约能源、保护环境，有益于提高人们生产、工作、学习效率和生活质量，保护身心健康的照明。

（2）光通量（luminous flux）

根据辐射对标准光度观察者的作用导出的光度量。该量的符号为 Φ，单位为流明（lm）。

（3）发光强度（luminous intensity）

发光体在给定方向上的发光强度是该发光体在单位立体角的光通量，该量的符号为 I，单位为坎德拉（cd）。

（4）亮度（luminance）

单位投影面积上的发光强度，该量的符号为 L，单位为坎德拉/平方米（cd/m^2）。

（5）照度（illuminance）

表面上一点的照度是入射在包含该点的面元上的光通量除以该面元面积所得之商，该量的符号为 E，单位为勒克斯（lx），$1lx = 1lm/m^2$。

（6）光源的发光效能（luminous efficacy of asource）

光源发出的光通量除以光源功率所得之商，简称为光源的光效。单位为流明/瓦特（lm/W）。

（7）照明功率密度［lighting power density（LPD）］

单位面积上的照明安装功率（包括光源、镇流器或变压器），单位为瓦特/平方米（W/m^2）。

（8）截光型灯具（cut-off luminaire）

灯具的最大光强方向与灯具向下垂直轴夹角在 0°～65°，90°角和 80°角方向上的光强最大允许值分别为 10cd/1000lm 和 30cd/1000lm 的灯具。且不管光源光通量的大小，其在 90°角方向上的光强最大值不得超过 1000cd。

（9）半截光型灯具（semi-cut-offl uminaire）

灯具的最大光强方向与灯具向下垂直轴夹角在 0°～75°，90°角和 80°角方向上的光强最大允许值分别为 50cd/1000lm 和 100cd/1000lm 的灯具。且不管光源光通量的大小，其在 90°角方向上的光强最大值不得超过 1000cd。

（10）非截光型灯具（non-cut-off luminaire）

灯具的最大光强方向不受限制，90°角方向上的光强最大值不得超过1000cd的灯具。

（11）泛光灯（floodlight）

光束扩散角（光强为峰值光强的1/10的两个方向之间的夹角）大于10°、作泛光照明用的投光器。通常可转动并指向任意方向。

（12）灯具效率（luminaire efficiency）

在相同的使用条件下，灯具发出的总光通量与灯具内所有光源发出的总光通量之比。

（13）维护系数（maintenance factor）

照明装置使用一定时期之后，在规定表面上的平均照度或平均亮度与该装置在相同条件下新安装时在同一表面上所得到的平均照度或平均亮度之比。

（14）路面平均亮度（average road surface luminance）

按照国际照明委员会（简称CIE）有关规定在路面上预先设定的点上测得的或计算得到的各点亮度的平均值。

（15）路面亮度总均匀度（overall uniformity of road surface luminance）

路面上最小亮度与平均亮度的比值。

（16）路面亮度纵向均匀度（longitudinal uniformity of road surface luminance）

同一条车道中心线上最小亮度与最大亮度的比值。

（17）路面平均照度（average road surface illuminance）

按照CIE有关规定在路面上预先设定的点上测得的或计算得到的各点照度的平均值。

（18）路面照度均匀度（uniformity of road surface illuminance）

路面上最小照度与平均照度的比值。

（19）路面维持平均亮度（照度）[maintained average luminance（illuminance）of road surface]

即路面平均亮度（照度）维持值。它是在计入光源计划更换时光通量的衰减以及灯具因污染造成效率下降等因素（即维护系数）后设计计算时所采用的平均亮度（照度）值。

（20）眩光（glare）

由于视野中的亮度分布或者亮度范围的不适宜，或存在极端的对比，以致引起不舒适感觉或降低观察目标或细部的能力的视觉现象。

（21）失能眩光（disability glare）

降低视觉对象的可见度，但不一定产生不舒适感觉的眩光。

（22）环境比（surround ratio）

车行道外边5m宽状区域内的平均水平照度与相邻的5m宽车行道上平均水平照度之比。

1.2 城市照明的发展历史

1.2.1 照明的起源

人们从采暖和炊事用火中分化出照明用火，具体时间无法考证，但是照明用的火把，是人们在生活当中发展起来的。最初的光源是含树脂较多的树木燃烧的火焰。

1.2.2 灯的发展

火把不好管理，产生大量烟雾，又常常成为火灾隐患，为了克服这些缺点，于是发明了灯。

随着灯的发展，人们一直在寻找更好的燃料，改进燃烧方式，从利用动植物的油脂到石油类燃料，出现了灯芯和油灯容器，蜡烛也生产出来了，在公元前6世纪前后，已经生产出来了简单的灯台。

直到18世纪，以煤油或蜡烛作为光源的灯，有了各式各样的灯型，如“哥特式”、“文艺复兴式”以及“洛可可式”等。

到了19世纪，由于美国开采出了石油，于是制造出了以石油为燃料的煤油灯和煤气灯。

1.2.3 道路照明时代

城市照明最早始于人们的节日庆典活动，古代中国具有每年一度的灯节——元宵节，国外城市的圣诞节则是基督徒世界的灯节，这些节日的灯光反映了人们对夜间公共生活的强烈需求。但是这些城市照明都是临时性的，而真正作为日常的城市照明是从功能性的道路照明开始。

有正式的街道照明，是在1667年按照路易十四的命令，把蜡烛或灯笼悬挂在横跨街道的绳索上开始的。我国首先出现并持续发展的城市照明，主要是功能性照明，因此过去定义为“道路照明”。

1.2.4 城市照明时代

电的发明开创了城市照明的新纪元，城市的泛光照明与电力时代同步，始于19世纪末的美国，并于20世纪30年代在欧美国家出现一次高潮，到20世纪的后50年，特别是最近10年，在科技、经济、文化等各方面的综合作用下，城市照明又一次成为城市建设中备受关注的焦点。世界上很多城市照明已经创造了亮丽的夜景观，成为著名的夜间旅游城市，如纽约、曼哈顿、芝加哥、东京、香港、巴黎、北京、上海等。城市照明的建设发展已经成为一个城市经济繁荣的象征。它使城市突破时间的限制来展示自身的形象、活力和魅力，使城市在延续社会经济文化活动、吸引外资、发展旅游观光以至促进城市发展等方面均有积极的意义。

国际上许多城市都采取了积极的行动，通过城市照明再塑和美化城市夜间形象，改善投资环境、居住环境，同时也促进了城市商业与旅游业的繁荣与发展，给城市带来巨大的经济效益与社会效益。最近世界城市照明协会（LightingUrbanCommunityInternational，简称LUCI）的成立，也说明了发展城市照明事业已是世界性的潮流。

我国的城市照明起步较晚，自90年代以来上海外滩和南京路的城市照明在国内外引起了强烈的反响，并产生了很好的经济和社会效益，城市照明才迅速在各大城市发展，照明方式由原来单一的白炽串灯、霓虹灯发展成泛光灯、内透光、固体发光光源勾边、激光、动态照明灯等多种照明方式；从过去单幢建筑照明发展为成片区的照明建设；从过去的只有节日开灯发展成经常性夜间亮灯等。建设部于2003年9月24～25日在深圳召开的“全国城乡规划标准规范工作会议”上，明确将城市照明相关规范的编制任务纳入体系，也代表了城市照明事业在我国的发展正在步入科学化、规范化的新阶段。

1.3 城市照明的现状

1.3.1 城市照明的重要性

21世纪伊始，世界总人口中的近二分之一（大约30亿人）生活在城市中，城市建设直接影响着多数人群的生活质量。从白天到黑夜，现代城市生活需要有持久和连续的活动来增加活力，在此过程中，城市照明在组织和引导都市活动方面发挥着无可替代的作用。

世界上很多城市已认识到，城市照明是一个城市展现其历史文化、经济发展水平、城市形态和时代风貌，提高城市居民生活水平的重要手段，城市照明对城市经济、社会、环境的发展有着重要的影响，因此城市照明已经成为世界城市建设的重要内容。

城市照明的发展目标体现在服务于城市的功能性、艺术性、以人为本以及可持续发展等方面。这与WoutVanBommel在《室外照明——昨天、今天和明天》中所表述的照明的“工业化时期”、“建设时期”、“环保时期”具有潜在的呼应关系。同时，这些发展目标与城市照明的发展历程也是十分吻合的。

（1）城市照明是夜间城市功能实现的保障

城市照明的基本要求就是为夜间的城市空间环境提供所必备的功能需要。如：商业功能、娱乐功能、休闲功能、交通功能等，满足市民在夜间各种活动的功能性需求，为市民提供夜间必要、舒适的休闲、娱乐、购物及交往的人工照明环境。其中最重要的是满足城市安全、安保，如公共交通安全和提供行人安全感。调查表明，良好的城市照明可减少社会生活的消极面。

城市照明作为城市的固定基础设施，应满足充分发挥城市公共设施作用的功能性要求。城市公共交通照明体现了城市照明基本的功能性，良好的公共交通照明，可以有效地减少交通事故，提高道路使用率，带来巨大的经济与社会效益。

（2）城市照明是形成积极的城市形象的重要手段

城市照明在夜间对城市的表述与白天的太阳不同，太阳在“无私”奉献自己的同时也将城市暇弊无掩；照明对此却有所取舍，这正是其艺术提炼的作用。它可将美的东西经艺术加工再现于人，将不美的东西隐藏起来。

城市照明的艺术性从宏观尺度来讲，主要表现在清晰体现城市结构、实现城市重点的有机联系、展现城市特色、塑造宜人的夜景观。在全球一体化的趋势下如何展现城市地域文化特色，形成城市独有的魅力，提高城市的综合竞争力。从微观尺度来看，城市照明通过对城市中建筑、广告、橱窗、小品、绿化等物质组成要素的形象再塑造，体现了这个城市的经济发展程度、文化底蕴和整体审美层次。

如今世界上著名的城市如里昂、伦敦、巴黎、拉斯韦加斯、上海等都向世人展示了其各具特色、充满魅力的城市夜间形象，促进了旅游与消费，对于城市的经济与文化的发展都有巨大的促进作用，证明了良好的城市照明所塑造的艺术表现力——光形成特定的情调和氛围，环境亮度图式富有吸引力，照明装置外观优美对于城市发展的重要意义。

(3) 城市照明对市民生活有着重要影响

城市的活力是通过市民的活动如：旅游、购物、娱乐、文体、休闲、交通和节日庆典活动等等来体现的，城市照明的根本目标是为市民的夜间活动提供良好的光环境，并以此鼓励市民进行更多的夜间活动。在实现这个目标的过程中，科学的城市照明应以人为本，切合市民的夜间实际生活需要，兼顾市民生理与心理的需要以及不同层次、文化、职业、年龄的人的差异性需要，而且城市照明也反过来对市民夜间活动模式发生影响，使之更加丰富多彩。

(4) 城市照明对城市可持续发展有着重要影响

可持续发展的含义是既满足现代人的生活需求，同时又不对后代人满足其需求的能力构成危害。城市照明能耗是城市能耗的重要组成部分，对市民生活有着直接的影响，其对城市可持续发展的影响主要体现在节能、环保（防止光污染与光干扰）等方面。

1.3.2 我国城市照明的规模

(1) 城市照明总用电量

根据国家统计局数据显示，我国2006年总发电量为28344亿千瓦时，其中照明电力消耗占12%，其他电力消耗占88%；城市道路照明占照明总体用电比例为30%；家庭、工厂、商业及其他设施照明占70%，其中景观照明占10%左右。即道路照明30%，景观照明10%，建筑照明60%。按此比例，我国仅在2006年城市照明用电约为1360亿千瓦时。

(2) 城市照明管理单位数量及总灯盏数

城市照明管理单位历年统计数据情况详见表1-1-1。

表1-1-1 统计管理单位数量及总灯盏数表

年份	管理单位数量（个）	灯盏数（万盏）
1979	16	25.01
1980	54	46.18
1982	108	59.20
1988	282	109.35
1992	304	132.05
1994	391	175.95
1997	290	166.65
1999	531	288.87
2002	517	397.34
2005	622	918.63
2007	718	1372.16

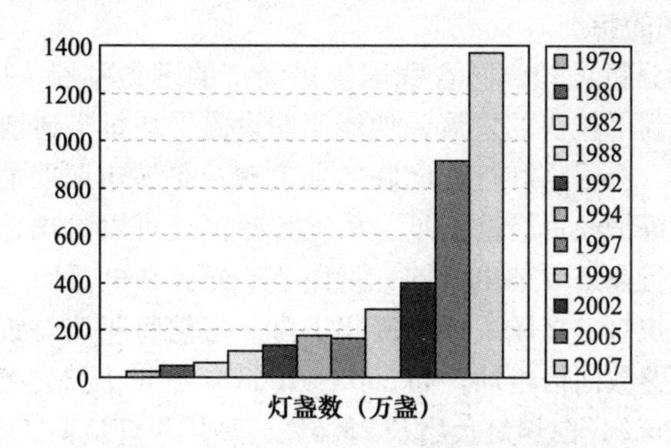

图1-1-1 城市照明管理单位历年统计数据情况

表1-1-2 2002年、2005年、2008年城市照明各类型光源使用比例统计表

年份	高压钠灯（%）	节能灯（%）	高压汞灯（%）	白炽灯（%）	其他光源（%）
2002	58.88	9.85	18.48	6.24	6.55
2005	59.24	18.06	9.9	3.43	9.37
2008	61.60	19.07	6.18	1.9	11.25

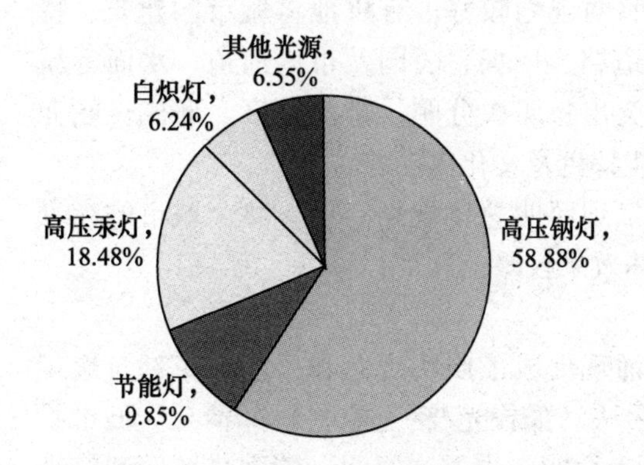

图1-1-2 2002年各种光源占用比例图

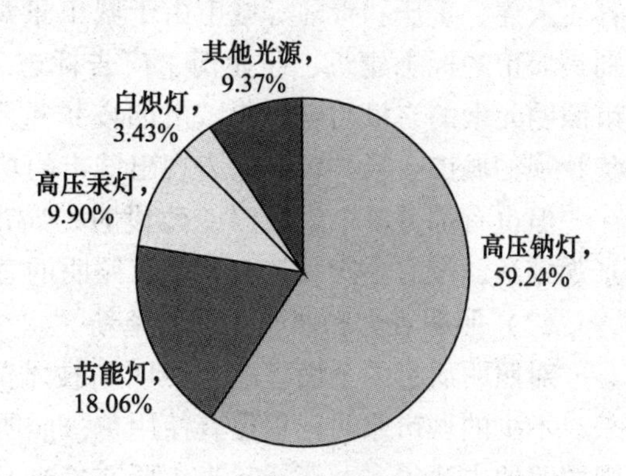

图1-1-3 2005年各种光源占用比例

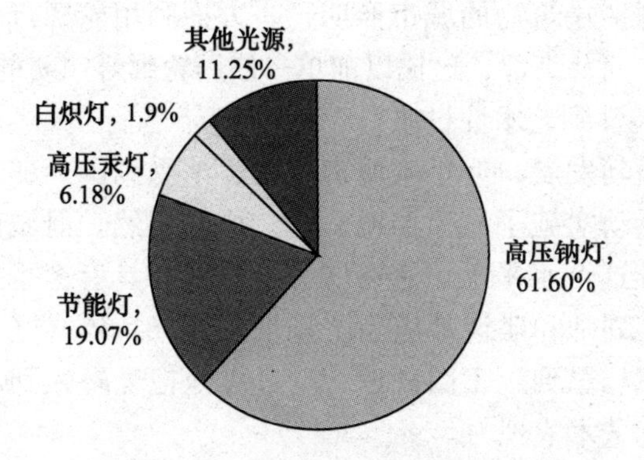

图1-1-4 2008年各种光源占用比例

1.3.3 我国城市照明的特点

通过年鉴的统计分析可知，随着我国国民经济的迅猛发展，城镇化进程的加速，城市照明建设事业得到了较快的发展，功能照明设施平均每年递增在15%以上，景观照明的增长比例更高。全国路灯行业面临的普遍现象是城市照明的能源需求和消耗不断加大，日常电费、维护经费严重不足。从统计数据还可以看出，为了减少电能的消耗和财政支出，路灯行业采取节电措施，采用节能光源和电器的增长速度均在30%以上。而低效高耗的白炽灯、高压汞灯在逐年下降。虽然每年路灯设施在增加，但安装总功率却没有与路灯盏数同倍增加。如2005~2008年三年中路灯盏数增加了31.46%，而总功率只增加18.26%；白炽灯负增长23.6%，高压汞灯负增长9.7%。

我国的城市照明工作起步虽晚但发展迅速，自80年代中期上海率先在外滩和南京路启动城市照明工程以来，近20年的时间里，我国城市照明在功能完善、技术提高及艺术追求等方面取得了有目共睹的成绩。这对促进城市发展、扩大城市国际影响、展示城市丰富的文化内涵及繁荣城市经济等方面都有着深刻的影响。但是从更高的层次来看，当前的城市景观照明建设尚存在总体规划薄弱、艺术精品不多、对节能和环保重视不够等不尽如人意之处。以下是对我国这些年城市照明工作经验的一些总结。

（1）重视城市照明总体规划

我国城市照明总体规划虽然起步较晚，但近几年已经逐渐成为城市建设的重要内容。大连、重庆和青岛等城市由于城市景观照明规划较好，有机地将城市的建筑，特别是城市的标志建筑、商业街、广告标志、道路、广场、公园及市内河道、水面等城市照明元素的有机结合，使城市的夜景重点突出、层次分明、错落有序，形成一幅完美壮观的城市夜景，较好地表现出城市的功能特色及文化内涵。

但也有部分城市景观照明建设时，城市景观照明总体规划滞后，整个城市的夜景景观零乱，没有主次和特色，城市照明的总体效果较差。

（2）照明观念和照明手法的革新

对照明质量的全面理解与照明新技术的涌现促成了照明观念和手法的革新。近年来，不少的城市照明工程还有使用单一照明手法（如投光/泛光照明）的情况。城市景观照明的方法很多，概括起来主要有投光/泛光照明、内透光照明、轮廓灯照明和灯光小品等四种。事实上，城市照明同时使用多种照明方法比单一种照明方法的效果要好，如北京天安门城楼等许多建筑物的城市照明，一方面利用轮廓灯勾边，同时又利用投光照明表现建筑物的立面及细部，这比以前单一使用轮廓灯照明的效果要好得多。

（3）由初步的功能性到艺术性过渡

随着国民经济的蓬勃发展，近年来城市照明逐渐受到国人的重视。许多城市结合环境整治和重大庆典活动实施了城市照明工程，成绩斐然。但城市的照明设计绝不应当局限于满足照度标准这个水平上。它有明亮、舒适和具有艺术感染力三个层次，为了优化自己的创作，规划师和建筑师应当主动地了解光，体察光，运用光，积极参与光环境的设计，从方案构思到施工图完成，全过程地把光融入到自己的规划和创作之中，提高城市和建筑的艺术表现力。

（4）照明器材品种与质量的改善

随着城市照明的兴起，我国城市照明器材的研制和生产发展十分迅速。从近年召开的照明器材展览会看出，城市照明常用的光源和灯具，如卤钨灯、金卤灯、高压钠灯、美氖灯和各种投光灯具，道路和庭园照明灯具、大面积照明灯具、变色灯具、大功率探照灯灯具等以及相应配套电器设备与器材，我国都能生产，而且器材的品种不断增多，质量有了明显的提高。

（5）高新技术在照明建设中的应用

随着城市照明的发展，高新技术和高科技照明器材开始在城市照明工程上推广应用。如北京天安门广场城市照明使用的激光照明系统、电脑探照灯和高空灯球；北京王府井大街城市照明使用的光纤照明系统，发光二极管光带，无极荧光灯；北京钓鱼台国宾馆、上海东方明珠等夜景工程使用的 LED 照明系统；上海外滩、昆明世博园观景塔等使用的大功率激光照明系统等等，不仅收到了一般城市照明方法难以达到的照明效果，也使城市照明的科技水平明显提高。

（6）关注节能、环保和健康

在满足功能需求的基础上讲求节能、环保和健康是现代城市照明的基本宗旨。城市照明的光干扰和光污染问题已开始引起人们的重视，并应积极采取措施，进行治理。

（7）城市照明的管理开始引起重视

由于城市照明的发展是个新生事物，其管理机制仍旧不完善。经过几年的实践，人们开始重视这项工作，如北京、上海、天津、大连、重庆、深圳、苏州等不少城市已有专门的机构和工作人员管理这方面的工作，制订了相应的管理法规与办法，从源头开始对城市照明规划、建设及设施的运行实施依法、科学、有序地长效管理。

1.4 我国城市照明存在的问题

1.4.1 政策标准方面

城市照明以前是单一的政府投资、建设、管理和养护，局限于城市，以道路照明为主。而随着社会的飞速发展，其范围和功用不断扩大，涵盖功能照明和景观照明，行业发展逐步向投资多元化、建设市场化、技术专业化、管理信息化和城乡一体化的方向发展。

城市照明领域的发展扩大，原有的一些政策法规已无法满足城市照明发展的需要，部分原有文件已不适应新的形势，亟须作修订完善；出现的许多新问题遇到了政策和标准的空缺，照明行业许多新增内容的政策法规尚未出台，使城市照明工作在推进过程中经常遇到无法可依或有法难依的情况。政策法规的缺失，监管办法的不到位，使检查考核对于严重违反相关规定或标准规范的行为，无制约手段。

由于照明行业的迅速发展，在材料、造型、光源、电器、设备、质量标准、施工工艺、控制技术等多方面发生了巨大的变化，城市照明的规模、要求、层次和技术含量有了较大的提升，对高效、节能、环保和可持续性发展的要求也不断提高，原有的标准体系已经明显滞后，各类标准体系尚不健全，新技术、新产品和新工艺缺乏标准规范的支持，严重影响了行业的健康发展。

1.4.2 规划设计方面

规划指导工作缺失。根据建设部、发改委建城〔2004〕204 号文件，各城市应在 2008 年以前完成城市照明规划的编制工作，但由于照明行业近年来的飞速发展，有关法律法规和标准规范的滞后，以及对照明规划重要性的认识不足等问题，大多数城市还未完成此项工作，使城市照明工程的设计缺乏规划依据。城市照明规划的综合调控作用难以得到充分发挥，“规划规划、墙上挂挂”、“领导一换、规划重来”的现象还比较突出。缺乏相应的照明规划控制体系，导致照明规划的内容与深度不统一，缺乏可操作性；规划管理的自由裁量权过大，使规划审核上难以把握统一的尺度。

1.4.3 建设管理方面

（1）缺乏规划指导

由于对城市照明规划的重要性缺乏正确认识，部分城市至今尚未开展此项工作，使城市照明工程的设计缺乏规划依据。部分城市虽然做了规划，但存在照明规划功能分区不合理，景观照明范围过大和缺乏可操作性等问题。

（2）工程实施不切实际

在城市照明建设方面，一些城市片面追求城市亮化效果，将部分城市偏僻边远地区列入城市景观照明的建设区域，电能浪费严重，加剧城市用电的紧张。在具体的实施过程中实行强行摊派，增加企业负担，社会各界反响强烈。

从城市规划建设管理的角度看，主要表现为超越自身的经济承受能力，把城市照明搞成不切实际的“形象工程”、“政绩工程”。城市照明亮度过高失控、彩色光泛滥、重景观轻功能、重建设轻维护等不正常现象。

（3）设计不科学

一些城市急功近利，未经总体规划就盲目攀比模仿，快上、大上景观照明项目，致使景观照明工程成为边设计、边施工、边申报的“三边”工程，缺乏协调和统一。设计上存在与城市规划不统一，亮化重点不突出，主题内涵不明确，文化品位浅薄，自然环境和灯光景观设施不协调等问题。一些灯具制造企业参与亮化设计，出现设计和灯具选择不合理，未遵循节能环保原则，照明亮度超标，甚至光污染严重，干扰居民休息，破坏了城市光环境。

（4）重景观轻功能

城市照明往往过于关注灯光效果，城市功能性照明没有得到合理实现。如在居民小区绿地内，山石树木、亭台楼阁堆砌了不少，但却没有从方便人们休闲交流的角度去考虑设计功能分区及景观元素的作用。灯光的配置就更是粗放和随意，为了花哨和热闹，草坪灯、庭院灯、埋地灯、景观射灯，肆意地投向小区广场空间，而人们所需要的视看照明和气氛照明却没有得以营造。

（5）建设水平层次低

城市照明建设缺乏城市特色。许多城市的夜景营造中，在主要商业街道、沿河地带和重要景点下了很大工夫，却没有把传统文化、地域习俗以及普通市民所喜闻乐见的寻常城市生活融入其中。

（6）市场建设不规范

由于城市照明行业发展迅速，行业标准、资质和资格的空白、对城市照明管理识的匮乏管理体制不顺畅等方面的原因，使建设市场存在不少不规范的地方；建设程序缺乏公开性，市场竞争缺乏公平性，项目评审缺乏公正性，导致了如设计、施工无资质，监理缺位，施工人员无证上岗、违章操作，使用的材料或产品不当或存在质量问题，能耗超标，无节能措施，甚至存在安全隐患等现象，在全国的城市照明建设过程中比比皆是。

（7）管理体制不顺

各地城市照明管理部门可谓形式多样，隶属关系各不相同。功能（道路）照明管理部门有隶属供电公司的，有隶属市政公用局或市政公司的，有隶属城市管理局的等等不一而足，而景观照明管理部门更是五花八门，上级主管部门有城管、市政、市容、环卫、绿化、管委会等。

管理部门隶属关系的多样性，增加了部、厅行政部门管理工作的难度，政策文件的上令下达无法保持畅通，命令的执行情况与基层工作的具体状况缺乏全面的沟通协调，信息和资料的交流汇总无法保持顺畅，使城市照明管理工作难以快速、有效、深入地展开，检查考核工作难以督查到位。

（8）管理机制不健全

一些城市重建设、轻管理，城市照明缺乏长效的管理机制，新建的城市照明工程各自为政，缺乏统一的管理；项目完工之后，维护管理职责不清；照明设施控制分散、随意，无法做到根据具体情况统一适时开关，电能浪费严重；设施遭受破坏得不到及时修复等现象十分普遍；管理督查不到位，对节能工作未落实，无制约措施。

（9）节能环保方面

建设单位在项目实施中不注重采用节能高效产品，大量使用低效照明设备，导致照明工程项目耗能较高，电能浪费严重，加剧城市用电的紧张。照明电器行业整体技术水平不高，推广节能照明产品的激励政策不完善，照明产品市场不规范，一些劣质产品流入市场，缺乏绿色照明宣传、推广资金，节能照明技术、产品信息尚不普及，都直接影响了高效照明产品的推广。

光干扰和光污染严重，对城市居民的影响也日趋突出。照明不是越亮越好，有些地段以散射光营造人工白昼，或滥用大功率投光灯，不仅耗能，而且易造成视觉损害，干扰人们休息、污染环境、影响动植物正常生长，并使城市丧失了自然的星空夜景。

1.5 城市照明的发展方向和建设方向

1.5.1 我国城市照明的总体发展方向应是舒适、高效、节能、环保

（1）舒适

提供舒适的光环境是城市照明的最根本的要求。在满足相应的照度和亮度、均匀度、显色性、色温和色彩、眩光控制等方面需求的同时，还应在生理和心理上满足安全、可靠和愉悦等方面的要求。

（2）高效

在应用中切实按标准设计、建设公共照明设施，提高城市照明设施的效率，是有效节约资源和能源的需求。充分运用现代科技手段提高照明工程的设计水平，通过选择高效、节能的光源，提高照明器材效率和合理的运行维护管理来实现。

采用高效率的光源、照明灯具等技术上比较成熟的器材，如高压钠灯、金卤灯等每瓦60流明以上光源，出光效率85%以上的灯具，最优化的开关电路及控制系统。

（3）节能

为更加节约电力，实现照明的最大效果，在规划、设计、施工、养护和管理各个环节，要通过技术和管理层面的各种措施来实现节能的目标。

合理确定城市功能性照明的标准，避免盲目追求高照度带来的能源浪费。节能的照明方法是尽量提高光效，避免损失过多的光通。高度重视照明器具的效率、合理运用照明设施、减少光通损失等相关技术的开发与运用十分必要。检查照明在各个时段、区域的使用情况，可从照明方式、照明灯具的配光、点灯控制电路、调光控制系统、昼光利用率以及各种传感器的组合等多方面考虑。严格限制溢散光，不断提高光通利用率的同时减少眩光，从而达到绿色照明。

（4）环保

城市照明在实现其功能性的同时，要避免产生光干扰和光污染。光线对环境的干扰和污染会导致注意力分散，容易诱发交通事故。扰乱生物钟，导致工作效率低下，还使人头昏心烦，甚至发生失眠、食欲下降、情绪低落、身体乏力等类似神经衰弱的症状。光污染还会伤害鸟类和昆虫，强光可能破坏昆虫在夜间的正常繁殖过程，致使大量鸟类和昆虫逃离甚至死亡，破坏了生态环境。

通过节能减少用电量，可减少因火力发电造成的二氧化碳的排放量。使用高效光源延长了光源的使用寿命，可减少光源对环境的二次污染。

1.5.2 我国城市照明建设的发展方向

（1）引进先进的城市照明理念与技术

欲形成社会对城市照明质量的全面理解，全面评估城市照明质量要综合考虑三方面的因素：人的需求——可见度，视觉舒适，社会交往，心情和气氛，健康、安全和愉悦，美的鉴赏；城市公共空间——形式，构图，风格，标准和法规；经济与环境——装置，维护，运行，能耗，环境。

对照明质量的要求可概括为三个层次：明亮，舒适，有艺术表现力。当然，三者融为一体的照明是最佳的照明。

明亮——合适的照度和亮度，对象和背景有良好对比，保证适宜的环境亮度；

舒适——没有眩光和频闪，人和物的造型立体感自然、悦目，对象与周围环境表面的亮度比适当，照明控制灵活方便；

有艺术表现力——光形成特定的情调和氛围，环境亮度适当，富有吸引力，照明装置外观优美，生动变化的天然光和室外景观。

（2）提倡设计观念和设计手法的革新

对照明质量的全面理解与照明新技术的涌现促成设计观念和手法的革新。以人为本、个性化的设计——普及照明调控，关怀个人对光的不同需求，追求个性化的照明风格；注重光色的选择，用光营造情调和氛围，满足人们心理上和精神上的追求；非均匀照明，动态照明，在需要光的时间，把适量的光送到需要的地点；室内、室外照明手法的互补和交叉；关注节能、环保和健康。

节能、环保和健康是绿色照明的基本宗旨。1991 年美国环保署倡导的绿色照明已普及全球，深入人心，对照明设计有深刻影响。绿色照明以节能为中心推动高效节能光源和灯具的开发应用；制订“照明产品能效标准”和“建筑照明节能标准”并且立法，引导照明设计采用高效节能照明产品；绿色照明的实施有强大的技术支持——高效节能照明产品数据库，节能效益分析软件，咨询服务等，给照明设计提供便利。特别关注照明造成的负面影响：眩光、光污染和光干扰。

（3）促进照明设计的专业化发展

优秀的照明设计、照明理念一定要及早进入规划设计方案，融入城市规划、建筑设计等，使“光”成为城市空间设计的有机组成部分，实现城市协调发展要求。为此，照明设计师与业主、用户、建筑师、规划师之间的沟通与合作非常重要。应对城市照明规划与设计资质应当进行专业性资质认定。同时，还应加强对照明设计专业人员的再教育与再培训机制的建设与完善。

（4）大力推进城市照明建设的法制化管理与有序发展

城市照明建设要有序发展，必须加强相关的技术、资金支持，建立有效的管理体制。主要应重视以下几方面：

• 照明建设法制化

城市照明的法规、标准和规范，直接关系到城市规划工作的水平与质量，只有制订了合理的城市照明相关法规规范，才有可能有效地进行城市照明工作。目前已经修订、新编并陆续出台多个标准和规定，各地也开始制定政府法规、管理条例、技术规程、设计标准，这对我国城市照明的有序建设必将起到积极的作用。

• 建立强有力的技术支持

建议成立专门的专家咨询和评审机构。城市照明是系统化的、长期的工作，城市照明工作也随着城市经济的发展变化和城市规划的不断修正而不断经常性地修改、丰富、完善。城市照明建设在贯彻实施的过程中，每个环节均需要有专业人士把关。因此，需要有一部分有经验的，包括照明、规划、建筑设计、景观设计方面的专家组成相应的咨询机构，对于实施过程中不断出现的新问题提出解决方法。为管理部门提供技术支持，推进技术进步，并且提供来自社会的反馈。

• 完善城市照明管理体制

顺应国际城市照明协会发展的趋势，成立中国城市照明的专业协会，统筹协调，减少城市照明建设中的多头管理引起的不良后果，逐步将城市路灯纳入集中统一管理，由专业部门统一管理道路及景观照明设施的建设、运行、维护管理。

加强规划审批对城市照明设计的监管和控制。新建建筑景观照明项目必须在方案报批阶段向管理部门提交由具有照明设计资质的单位所做的照明设计方案，所有对城市公共空间有影响的照明项目，都应经过管理部门的审批。在城市照明工程建设中，应选择有实力的施工单位，选用高能效、通过3C认证的照明设施，确保安全。

（5）合理实现城市功能性照明

城市照明的基本要求是满足市民各种活动的功能性需求，最重要的是满足公共交通安全和提供安全感。合理的照明不仅仅是单纯的照度要求，还应满足均匀度、眩光、环境比等多方面的技术要求。在应用中切实按标准设计、建设公共照明设施，有效地减少交通事故与犯罪活动，提高道路使用率和城市活力。另外，合理确定城市功能性照明的标准，也有助于形成富有层次感的城市夜景观肌理，避免盲目追求高照度而带来的能源浪费。

（6）合理运用照明手段，创造积极的城市形象

照明在展示城市价值和提高城市生活水平方面起着重要的作用，世界上不乏通过照明的改善，给城市带来新的生机与活力的例子。但是，只有合理的使用，才能给城

市夜间形象带来积极的影响。

• 合理控制城市照明的亮度分布

景观照明的任务是用光创造有地域特色和人文精神的夜景观，不是亮了就好，更不是越亮越好，需要有重点地进行城市照明规划与设计。作为城市夜间形象的感知主体，人的视知觉规律则要求控制城市照明的总体亮度水平。据研究，人眼刚能察觉的亮度变化比亮度水平等于常数，当环境亮度水平过高时，人眼对视场内细节变化的辨识能力反而下降，整个场景给人的主观感受随之趋于平淡。

• 提高城市照明的文化品位

要使城市照明对城市形象的提升起到积极的正面作用，光有数量是远远不够的，关键是质量，不当的照明会损坏城市形象，不如不做照明。对提高城市照明的文化品位，我们提出以下建议：

端正观念：景观照明设施是城市公共工程和建筑物的重要组成部分，是永久性设施，不是节日喜庆活动的临时性灯饰。

走出误区：城市中有特色的自然风貌、历史文物、标志性建筑、公共活动场所是城市白天景观的主体，也是景观照明的主要对象，要做到白天景观和夜晚景观的协调统一，无论白天还是夜晚，人们应观景而不是观灯，照明所用灯具应尽量隐藏。

和谐自然：自然、和谐的夜景观是我们追求的目标，应强调城市照明总体规划的控制作用，摒弃到处灯红酒绿，强光闪烁扫描的俗艳景色。提倡格调高雅，大方气派，抑止浮华浮躁。在实际建设中尤其要注意慎用彩光，彩光具有强烈的感情色彩，局部使用可起到画龙点睛的作用，但大面积使用应慎重，以免扭曲照明对象，或破坏与环境的协调。

凸现特色：因地制宜，切忌攀比。深入学习研究城市历史文化，精选重点照明对象，精心设计，精心施工，长期坚持，要建成有地方特色的城市夜景。

2 城市照明中的节能降耗

2.1 城市照明中节能降耗工作的重要性和意义

2.1.1 城市照明节能工作的重要性

城市照明在功能性与艺术性方面的作用是不可否认的，但是过量的照明往往会产生相反的作用。可持续发展已经成为今天城市建设的基本原则之一，城市照明的建设也需要提出相应对策，在满足功能的基础上，避免过度照明或不适当的照明设计而产生光污染、光干扰，减少有害物质的排放与能源的消耗。

据国际能源署能源效率与环境司司长 RichardBradley 介绍，全球电气照明 1 年消费约 2.2 万亿千瓦时电量，相当于全世界所有核电厂或水电厂的总发电量，也与我国 2004 年总发电量 2.187 万亿千瓦时相当。

节能和环保已成为当今世界普遍关注的问题，自 20 世纪 70 年代始，人们便在照明节能方面作出努力。20 世纪 90 年代美国率先实施绿色照明计划，欧盟委员会也制订了绿色照明实施计划。节能和环保已成为当今世界城市照明中普遍关注的问题。

我国目前节能减排面临的形势仍然相当严峻。节能减排是当前加强宏观调控的重点，是调整经济结构、转变增长方式的突破口和重要抓手，是贯彻科学发展观和构建和谐社会的重要举措。2000年国家经贸委绿色照明工程办公室推出了四项绿色照明标准，并要求相关企业实行“中国绿色照明工程质量承诺”。由此可知，城市夜景观的节能已有了一个良好开端，今后的绿色照明研究将进一步从产品、设计、管理等方面挖掘照明节能潜力，以保护人们的生存环境。

我国照明用电占社会总用电的12%左右，城市照明用电量占照明总用电的40%左右，比重较大，且随着近年来城镇化的发展，每年的增长比例都在10%以上，因此节能空间较大。根据国家统计局数据显示，我国2006年总发电量为2.8344万亿千瓦时，按上述比例，城市照明用电约为1360亿千瓦时。根据《“十一五”城市绿色照明工程规划纲要》，预计“十一五”期间城市照明总节电量约1320亿千瓦时，相当于三峡水电站总发电量的1.65倍，减少二氧化碳（碳计）排放3800万吨，减少二氧化硫排放120万吨。

表1-2-1 城市照明总用电量、节电率及节电量

年份	城市照明总用电量（亿kW/h）	节电率（%）	节电量（亿kW/h）
2006	1360	5	68
2007	1500	10	150
2008	1650	15	247
2009	1800	20	360
2010	1980	25	495
总计	8290	/	1320

2.1.2 城市照明节能降耗的潜力

城市照明节能的潜力有多大，可从以下五个方面作一粗略分析。

（1）道路照明的节能潜力

表1-2-2为对全国10个城市22条道路照明情况的测试数据，从测试结果来看，路面平均照度为66lx，与2006新修订的《城市道路照明设计标准》CJJ45—2006规定的平均照度（20/30）lx比，按20lx算，高出3.3倍；按30lx算，也高出2.2倍。再用表1-2-3发达国家如美国、英国、德国和日本等国的道路照明设计标准对照，我国城市道路照明的平均照度高得更多，由此可见我国城市道路照明节能的潜力不小。

表1-2-2 国内部分新建道路照明情况

城市	路名	路宽（m）	间距（m）	杆高（m）	光源	灯具	E_{max}	E_{min}	E_{av}
常州	延陵西路（东）	39	45	12	高钠/节能（400×4）/（45×5）	双排9火灯	203	35	105

续表

城市	路名	路宽（m）	间距（m）	杆高（m）	光源	灯具	E_{max}	E_{min}	E_{av}
武汉	四干道	12	45	12	高钠250×2	双排双火非截光	103	38	62
青岛	香港路	22	34	10	高钠400+250	平行排列	145	50	95
长沙	青石山路	31	30	14	高钠400	非截光单弧+单弧	62	10	43
长春	人民大街	50	30	10.7	高钠400×2	双排双弧灯	87	39	63
长春	人民大街	25	35	11.5	高钠400×2	双排双弧灯	71	33	51
长春	解放路	38	35	11.5	高钠400×2	双排双弧灯	97	47	67
成都	马家花园路	35	40	11	高钠250/150	双排双弧灯	103	26	56
无锡	中山南路	26	40	9	高钠400	双排单弧	82	12	59
宝鸡	红旗路	21	40	12	高钠250×2+250×2	双排双弧灯	249	55	130
宝鸡	红旗路	21	40	10	高钠250×2+250×2	双排双弧灯	237	43	109
宝鸡	经二路	23	35	10	高钠250×2+250×2	双排双弧灯	163	47	73
杭州	西湖大道	24	40	12	高钠250×2+250×1	双排对称	90	22	48
北京	阜外大街	22	35	10	高钠400	无轨半弧	84	14	40
北京	新街口外大街	38	35	8	高钠400+150	铁杆双弧	97	18	58
北京	西三环路	38	40	10	高钠400×2	单弧双灯	114	27	68
北京	北池子大街	18	35	15	高钠400	铁杆单弧	132	10	65
北京	马家堡路	25	40	7	高钠250	铁杆单弧	64	8	42
北京	广安大街	35	45	10	高钠400+250，150	铁杆双弧	98	20	54
北京	西外大街	25	40	12	高钠400+150	铁杆双弧	95	15	40
北京	五环路起步段	30	40	10	高钠400+250，150	铁杆双弧	98	20	54
北京	广内大街	30	40	12	高钠400+250，150	无轨半弧	142	30	78
						总平均	118	28	66

表1-2-3 部分国家或组织的道路照明标准

标准归属	道路类型	平均亮度（cd/m^2）	平均照度（lx）
美国	高速公路	0.6	6~9
国际照明委员会	高速公路	1.5~2.0	—
英国	高速道路	1.5	—
德国	高速汽车道	1.0	—
苏联	高速公路	1.6	20
澳大利亚	快速路	1~2	10~20
日本	快速路	0.5~1	5~10

（2）泛光照明的节能潜力

通过对北京和上海两市122个建筑立面景观泛光照明的调查和墙面平均照度的实测结果，其中所测建筑的墙面反射比基本上在30%~40%，墙面清洁程度属于较清洁，建筑物的环境明亮程度属于较为明亮。具体实测结果详见表1-2-4。

表1-2-4 被测建筑立面照度与照明标准偏离频率

<table>
<tr><th rowspan="2">照度
（lx）</th><th rowspan="2">频数</th><th rowspan="2">频率
（%）</th><th colspan="2">低于标准的频数与频率分布</th><th colspan="2">高于标准的频数与频率分析</th></tr>
<tr><th>频数</th><th>频率（%）</th><th>频数</th><th>频率（%）</th></tr>
<tr><td>50~100</td><td>3</td><td>2.48</td><td>3</td><td>3.94</td><td colspan="2" rowspan="4">高于标准的建筑总数为46个</td></tr>
<tr><td>100~150</td><td>13</td><td>10.74</td><td>13</td><td>17.10</td></tr>
<tr><td>150~200</td><td>37</td><td>30.58</td><td>37</td><td>48.68</td></tr>
<tr><td>200~240</td><td>23</td><td>19.00</td><td>23</td><td>30.26</td></tr>
<tr><td>240~300</td><td>28</td><td>23.14</td><td>总计76</td><td>100</td><td>28</td><td>60.85</td></tr>
<tr><td>300~350</td><td>8</td><td>6.61</td><td colspan="2" rowspan="6">低于标准的建筑总数为76个</td><td>8</td><td>17.39</td></tr>
<tr><td>350~400</td><td>4</td><td>3.30</td><td>4</td><td>8.69</td></tr>
<tr><td>400~500</td><td>4</td><td>2.48</td><td>4</td><td>8.69</td></tr>
<tr><td>500~700</td><td>2</td><td>1.65</td><td>2</td><td>4.34</td></tr>
<tr><td>总计</td><td>122</td><td>100</td><td>总计46</td><td>100</td></tr>
</table>

按国际照明委员会（CIE）的标准规定，对建筑立面反射比为30%~40%的中色饰面材料的墙面，比如中色石材、水泥或浅色大理石墙面的泛光照明的平均照度，在暗背景下为40lx，一般背景亮度下为60lx，亮背景下为120lx，考虑墙面清洁程度为较清洁时乘修正系数Z之后，分别为80lx、120lx和240lx。

对照CIE标准，所调查的建筑立面景观照明的平均照度应等于或低于240lx，而实际上有37%的建筑超过CIE标准，也就是说这部分建筑立面的平均照度都大于240lx，个别建筑立面景观照明照度高达700lx之多。全国其他城市，特别是近年刚刚开始建设景观照明的城市，由于互相攀比和受夜景越亮越好思潮的影响，估计超过 CIE 标准的建筑不会低于 37%。所以说，如果严格按 CIE 标准设计建筑立面景观照明，把 37% 的超标建筑的照度降下来，挖掘出这部分建筑立面景观照明的节能潜力，将会节约相当可观的电能。

（3）建筑物轮廓照明的节能潜力

我国城市照明中，建筑物轮廓照明是建筑景观照明中使用比较早和比较多的一种照明方式。不仅多数古建筑或仿古的现代建筑的景观照明采用这种照明方法，而且在现代化建筑景观照明中也采用不少。如北京长安街及延长线的建筑景观照明中就有近百幢采用了各种形式的轮廓照明，粗略统计约使用了 10 万只白炽灯，其中天安门地区，如天安门城楼、人民大会堂、历史博物馆、毛主席纪念堂、正阳门城楼、中国银行和天安门管委会办公楼的轮廓照明，使用的白炽灯就达 2.2 万余只。

如果把长安街及延长线上 10 万只 25W 白炽灯全部改用 5W 节能荧光灯，每年将节电 456 - 92 = 364 万 kW/h。2002 年天安门地区的 2.2 万只白炽轮廓灯已全部改用 5 ~ 9W 节能荧光灯，若按 5W 节能荧光灯计算，一年就可节能 100 - 20 = 80 万 kW/h，节能效果十分显著。

（4）广告标识照明的节能潜力

通过对国内外 28 个地区的广告标识照明进行的调查发现，一是广告数量增速每年均在 2 倍以上，甚至成倍的增长；二是无照明的广告越来越少，而且广告面的亮度越来越高。以城市室外投光照明广告为例，特别是屋顶和建筑工地围挡的投光照明广告，由于无规划控制，这几年是成倍甚至几倍的速度增长。

北京王府井等九个地区，1999 年外投光广告为 193 个，到 2005 年猛增至 544 个，增加了 1.8 倍。又如北京三环路的投光照明广告在 1999 ~ 2005 年，由 103 组猛增至 252 组，400W 金卤灯的用灯量达 16930 个，成了三环路耗能大户，远远超过了该地区城市建筑的景观照明用电。

调查也发现，投光照明广告使用的灯具大部分是代用品。这样不仅照明效果欠佳，而且光的利用率低，浪费能源。表 1 - 2 - 5 是同一广告两种灯具的耗电和费用比较。这也表明广告标识照明蕴藏着巨大的节能潜力。

表 1 - 2 - 5　同一广告两种灯具的耗电和费用的比较

广告牌尺寸（米）	灯具类型	灯数（只）	耗电量（瓦）	年电费（元）	灯具参考价（元）	耗电率（%）
长 × 高 16 × 4	代用型灯具	10	4000	4380	5000	100
	专用型灯具	4	1600	1752	5600	40

注：每天开灯 3 小时，电费按 1 元/小时计，每年节约 2628 元。

（5）照明管理的节能潜力

城市景观照明管理不当、照明控制技术落后造成照明用电浪费的现象比较严重。如灯具损坏、灰尘污染、光源超期服役等情况。据 2004 年建设部所做城市照明问卷调查表明，地级以上城市照明因管理不善，不仅浪费能源现象严重，而且导致光源灯具损坏甚至被盗的现象突出，从而造成国家财产的严重损失。

通过以上分析，可见城市照明节能潜力不小。在城市照明建设中，应通过科学规划和设计，严格执行国家和国际照明标准，正确选用照明方法和器材，加强照明设施管理，则可挖掘以上潜力，满足现既搞好城市照明建设，又节约能源的双重要求。

2.1.3 城市照明推进节能降耗的工作优势

（1）技术优势

城市绿色照明的节能措施方式多样，可以从技术和管理两个层面，通过多种方式实施节能工作。（详见3.2城市照明节能降耗措施）

城市照明的专业管理单位类型基本一致，无论隶属于城建系统还是电力系统，有技术熟练的专业队伍，有专业的维修机械设备，有一套完整的日常管理、养护、抢修制度，许多城市还有先进的无线路灯监控系统等等，执行节能工作更专业更有效。

（2）体制优势

城市照明的投资方主要是各级财政和国有企业为主。城市照明的建设方主要是政府部门或国有企业为主。城市照明的管理方主要以政府部门或事业单位为主。

城市照明的管理单位多数为事业单位或国有企业，是当地唯一的管理部门，形成了覆盖全国的系统管理体系。对于政策的上令下达有较好的传达渠道，对于节能推进工作易于执行，难度较低。在这个顺畅的管理体系中，推动绿色照明工作具有其他领域所无法比拟的优势。

2.1.4 城市照明节能降耗工作的现实可行性

对于全国的总耗电量而言，城市照明所占比例不大，但是，从节能技术推广的角度来看，它可能成为整个节能工作的突破口。

整个城市照明行业总体份额较小，容易操作。据初步计算，用三年时间将全国现有道路照明系统进行改造，总体投入不过6亿~7亿元。如果能采用合同能源管理战略，不会给国家造成财政负担。

由于整个行业总体规模较小，易操作，因而容易取得阶段性成果。花两三年时间摸索出一套符合中国国情的运作模式，在城市照明行业节能工作中总结出经验和相配套的政策，为未来在照明领域全面推广节能技术探索切实可行的操作方法。城市照明专业技术人员也可为其他照明领域的节能工作起到技术支持和业务督导的作用。

2.2 目前城市照明中节能降耗工作中需要关注的关键问题

2.2.1 完善政策法规标准规范

由于照明行业近年来的飞速发展，相关政策法规和标准规范滞后，部分原有文件需作修订完善，目前已不适应新的形势，一些新标准新规范尚未出台，使城市绿色照明工作在推进过程中经常遇到无法可依或有法难依的情况。

目前已制定了多项照明产品的能效标准，一些企业的产品取得了节能认证，但激励政策不完善、配套法规不完善，缺少鼓励照明电器产品生产、使用的财政及税收优惠政策。推广高效照明产品缺乏有效的投融资渠道和激励机制，缺乏有效的市场监管，企业良性竞争的机制尚未形成，一些假冒伪劣产品充斥市场，不能够对企业进行有效监督，一些推荐性标准的实施效果还很差。

城市照明的相关标准体系尚需逐步完善，制定相关的设计、施工标准，建立有效的监督管理机制，监管办法到位，使检查考核对于严重违反相关规定或标准规范的行为，有制约手段。

2.2.2 加大市场推广力度

我国有照明节能产品生产企业上千家，数量多、分布散，既有规模较大、严格按照国家技术标准规范生产的企业，也有一些小企业的产品往往靠低价在国内灯具市场立足。消费者缺乏信息和市场引导，难以在市场上方便地选购到优质可靠的高效照明电器产品。特别是一些市场招标工程的低价中标方式，为一些靠低价低质竞争的小企业创造了市场。既破坏了照明节能产品在消费者心目中的形象，又不利于符合标准的优质产品企业的发展。

加强信息引导工作，加大节能产品的推广力度。建设单位、施工单位以及管理单位，在工程运用中应注重采用节能高效产品，节能工作与效益挂钩，提高绿色照明工作积极性。

2.2.3 建立长效管理体制和机制

缺乏固定机构专职管理，缺乏长效管理体制，缺乏推动绿色照明的激励与制约机制。大部分城市照明为建设系统不同部门多头管理，特别是功能照明与景观照明95%以上的城市是分头管理，导致节能工作无法有效落实。

根据对全国东北、华北、华中、华东、华南、西南、西北七个地区20个省120个城市的调查，每个城市都有功能照明的管理部门，但是能对城市照明集中管理的城市寥寥无几，不足5%。目前，城市功能照明的管理基本在当地路灯管理部门，主要隶属于供电公司或市政、建设局，而城市景观照明的管理部门，则是五花八门，有隶属于市政委、市建委、环境委、城管、园林、管委会等等。由于很多部门的业务范畴与照明行业相去甚远，导致城市照明行业管理监管不到位，规划缺位，设计不规范，建设无序，无资质施工，无证上岗。一些城市为了亮化、美化，不计成本，采用粗俗、低效、高耗能产品，不仅浪费了能源，一些照明工程还存在安全隐患，事故时有发生。

设施改造不积极，做多做少一个样。城市照明的节能无疑会给各地的市政开支节省大量资金，然而对城市照明管理部门而言，很多城市的日常开支和经常性的维护费用是和路灯电耗及安装数量成正比的，电耗越多，下年度的费用就同比增长，也可以这样说，越是节约用电，对基层下年度的费用预算就越少，因此，城市照明管理部门对节电工程大多持消极态度。

这一现象反映出节能政策在具体操作中和现行体制及利益分配机制不相匹配，国家整体的长远利益和部门短期利益之间存在着很大的矛盾。这一状况对节能工作的深入开展产生了相当大的阻力。

照明管理没有实行建管分离，形成自然垄断，缺乏监督机制和奖惩机制，也严重制约了节能工作的推进。城市照明设施的养护工作不是通过市场发标，择优选取；照明电费由城市政府财政包干，节能与否，与单位和个人没有关系，即使做了一些节能工作，除了增加了工作量，没有相应的激励机制。因此，建设、运营、养护一家垄断的体制客观上导致照明管理单位对节能工作没有积极性。

集中统一的高效管理，制定合理的养护管理制度，及时修复故障灯，定期更换寿命到期、光通量降低的光源。在设计时，充分考虑将来的养护管理工作，多采用维护管理容易的照明方式、照明器具和光源，可减少维修的人力工作，也可间接发挥节能效果。

2.3 城市照明中节能降耗工作的指导思想

以邓小平理论和“三个代表”重要思想为指导，以科学发展观统领全局，认真贯彻落实节约资源和保护环境基本国策，认真贯彻落实我国《“十一五”规划纲要》明确的任务和要求。努力构建绿色、健康、人文的城市照明环境，切实提高城市照明发量和社会效益。

2.4 城市照明中节能降耗工作的主要目标

以实施绿色照明为目标，严格执行节能标准，尽快完成规划编制工作，推行规划、设计和建设的验收制度和准入制度，积极推广使用高效光源（钠灯、LED、节能灯等）、高效灯具（灯具效率、IP 等级）和低耗电器（镇流器等相关电器产品），运用各种节能措施（产品、技术）实现节电总目标。

主要目标有：

完善功能照明，城市道路装灯率达 100%，公共区域装灯率达 95% 以上。

严格执行照明功率密度值标准。

在城市照明建设改造工程中，全面推行专业管理机构规划、设计论证、专项验收制度。

高光效、长寿命光源的应用率达 85% 以上。

使用的高压钠灯能效指标达到或超过 GB19573—2004 标准，倡议达到或超过节能评价值 GB19573—2004。

灯具效率 80% 以上高效节能灯具应用率达 85% 以上。

高压钠灯镇流器能效指标能效因素（BEF）达到或超过 GB19574—2004 标准，倡议达到或超过节能评价值 GB19574—2004，400W 高压钠灯镇流器能效指标能效因素（BEF）不低于 0.235。

2008 年前，完成城市照明专项规划编制。

道路照明大城市亮灯率达 97%，中小城市达 95%。

通过气体放电灯电容补偿，功率因素不小于 0.85。

以 2005 年年底为基数，年城市照明节电目标 5%，5 年（2006—2010 年）累计节电 25%。

3 推动城市照明节能降耗工作

3.1 城市照明中节能降耗工作的实施原则

立足科学发展，健全法规，强化政策导向，规范市场，完善管理机制，实现行业结构节能。

坚持科技创新，提高整个照明系统的利用效率，推进太阳能、风能等可再生能源的研究改进与规模化应用，实现科学节能。

3.2 城市照明节能降耗措施

3.2.1 节能降耗措施的分类

城市照明的节能措施可以从技术和管理两个层面，通过多种方式实施节能工作。

技术节能，是通过技术的革新，来提高效率。主要有供配电系统的节能，如变压器节能、电容补偿、负荷的三相平衡、降压节能等，以及照明设备的节能，如采用高效光源、高效的反光器、高效灯具、高效镇流器、电子镇流器、变功率镇流器等。

管理节能，主要是通过加强道路照明的设计、施工和养护管理各环节的制度建设和监管，实现管理节能。主要有合理地设计，选择恰当的照度标准，采用全半夜灯运行方式，开、关灯的智能化控制等等。

城市照明节能降耗是一个系统工程，体现在整个城市照明系统工程全过程的方方面面。必须综合考虑技术、管理等多方面的因素，要力求综合效益的最优化。

绿色照明远不只是推广应用某一两款节能产品。优质合理的设计、施工和养护管理，研究、生产和推广应用高效长寿的光源、优质高效的照明器材，以及降低在照明系统中各个环节的能耗，都是实施绿色照明的重要因素。

3.2.2 技术节能

（1）供配电系统的节能

供配电系统的损耗，主要由变压器损耗、配电线路损耗以及开关仪表电气元件损耗组成。其中变压器和配电线路的损耗，约占供配电系统总损耗的95%以上，而配电装置中，各种开关仪表电气元件的损耗，所占比例不超过5%。所以，降低变压器及配电系统损耗是提高供电效率、节约能源的关键。

• 变压器的节能

保持变压器在高效率下工作，是减少变压器损耗的基本手段。应根据负荷大小，合理选择变压器容量，使其运行过程中保持较高的效率，从而可以节省电能。采用高效率的变压器，可以节约电能，如配电变压器的空载损耗，20世纪60年代初的ST型变压器是70年代初期产品S1型变压器的1.32倍，S1系列又比S6系列的大约14%，而90年代后期以前应用的S7系列变压器又比S6系列的小45%，90年代末国家推广使用的S9系列变压器的空载损耗和负载损耗更小。目前，一种非晶合金的变压器，成为最节能的变压器，其空载损耗比普通变压器下降80%，起到了很好的节能效果。

• 无功补偿

无功功率是与消耗无关的电能。因此，从表面上看好像没有损失，但是对于电力设备来讲，就必须相应增加这一容量的变压器及导线等等。此外，由于装置及导线的电阻，无功电流将会变成热而损失掉。因此，改善功率因数，减少无功功率在节能上是非常有效的手段。

提高功率因数可以降低配电损失。以安装电容器，提高功率因数为例，当气体放电灯系统的功率因数从0.5提高到0.85，系统电流下降40%左右，而线路损耗下降65.4%。

• 三相平衡

在供电方式上，可以采用单相方式，也可以采用三相方式。如果以单相方式损耗值为100%，则三相平衡的方式为其16.7%。三相负荷的不平衡度会增加其线路损耗。因此，尽量保持负荷的三相平衡也能起到节能效果。

• 调压节能

在电压波动较大的地方，或供电电压过高的情况下，即照明灯具端电压波动超过额定电压的90%～105%时，采用具有调压、稳压功能的装置，该类装置是通过实时采集输入电压信号，并与设定输出电压进行比较，通过可控硅斩波、自耦降压和微电脑控制的方式，依靠“降压”来节能。这种节能方式适合于电源电压较高的场合，其调节范围也应适度，否则会影响路灯的正常运行。其节电率一般在10%～20%，一次投资较高，且体积大，安装位置受一定限制。

（2）照明设备的节能

照明设备的节能，包括选用高效率的光源、反射器、透光罩及配套的电器附件等等。

• 光源的节能

光源的节能，主要取决于光源的光效和光衰指标，综合考虑显色性、使用寿命、启动特性等因素，应尽量采用光效高、寿命长的光源。

选用高光效节能电光源是降低照明用电的核心。目前城市照明常用的光源的发光效率、光色及寿命差别甚大。在选取光源时，应从实际情况出发，借鉴国外有益经验，综合考虑灯的光效（节电）及性能价格比。目前选用光源的总趋势是：①用卤钨灯取代普通白炽灯；②用紧凑型荧光灯取代白炽灯；③用直管型荧光灯取代白炽灯；④用细管T5或T8型荧光灯或中管T10型荧光灯取代粗管T12型荧光灯；⑤大力推广高压钠灯、金属卤化物灯和无极灯；⑥积极稳妥地推广LED光源和光伏太阳能照明技术；⑦在远郊高速公路、隧道或对颜色要求不高的场所可选用低压钠灯。

• 道路照明系统应积极推广高压钠灯、金属卤化物灯

高压钠灯和金属卤化物灯是目前高压气体放电灯（HID）中主要的高效照明产品。

高压钠灯的特点是寿命长（24000小时）、光效高（100～120lm/W）、透雾性强，可广泛用于道路照明、泛光照明、广场照明等领域，用高压钠灯替代高压汞灯，在相同照度下，可节电37%。而高光效高压钠灯（增强型），其光效更高，寿命更长。以250W为例，增强型与原普通型相比，光效由112lm/W，提高到128lm/W；光通量由28000lm，提高到33200lm；寿命由24000小时，提高到32000小时。在实际使用中，平均亮度提高14.2%，寿命延长33.3%。

金属卤化物灯是一种在高压汞灯的基础上在放电管内添加金属卤化物，使金属原子或分子参与放电而发光的高压气体放电灯，它的特点是寿命长（8000～20000小时）、光效高（75～95lm/W）、显色性好，广泛应用于工业照明、城市照明、商业照明、体育场馆照明等领域，用它替代高压汞灯，在相同照度条件下，可节电30%。

• 庭院灯应积极推广使用紧凑型荧光灯

紧凑型荧光灯比普通白炽灯能效高，可达60lm/W，是白炽灯的6～8倍；寿命长，可达10000小时，是白炽灯的10倍。相同功率的紧凑型荧光灯，比汞灯也有更高的发光效率和光通量，而且在各种场所的照明中能够配合多种灯具，安装简便，可在工厂照明，室外道路照明中应用，对于照度要求不高的庭院灯可以推广使用。

• 在特定场合可用 LED 等新光源

LED（Light Emitting Diode），又称发光二极管，它们利用固体半导体芯片作为发光材料，当两端加上正向电压，半导体中的载流子发生复合，放出过剩的能量而引起光子发射产生可见光。

作为新型高效固体光源，LED 具有使用寿命长、发光效率高、耗电量少、耐震动、响应速度快、节能环保等显著优点，从理论上来说将可能是人类照明史上继白炽灯、荧光灯、高压气体放电灯的又一次飞跃。

近年来，LED 因其寿命长养护工作量小、耗电量小节约能源、方向性较好避免光污染、体积小便于隐藏灯具、响应速度快便于控制变化等特点，在景观照明中得到非常广泛的运用，从点光源、美耐灯带到数码光管、地埋灯、投光灯，几乎涉及传统光源的所有领域。

与传统城市照明用光源相比，目前 LED 由于成本高、现阶段产品的光效低于气体放电灯，以及诸如散热要求高、光衰严重、单颗光通量太小、配光技术难度高、价格昂贵等原因而大大限制了它在照明领域的应用，还无法作为通用光源推广应用，在道路功能照明中仅处在试验性应用阶段。近几年来 LED 每年接近 20% 的光效提高和 20% 的成本下降，正越来越多地与太阳能装置相结合，组成最为节能环保的照明设施。

• 灯具的节能

高效照明器材是照明节能的重要基础，但照明器材不只是光源，光源是首要因素，已经为人们认识，但不是唯一的，灯具和电气附件（如镇流器）的效率，对于照明节能的影响是不可忽视的。

灯具是光源、灯罩和相应附件组成为一体的总称。灯具一般分装饰灯具和功能灯具二类。当然装饰灯具也要考虑功能要求；功能灯具同样要考虑其装饰性，只是各有侧重，而不能绝对化。灯具的主要特性，一是配光性能；二是灯具效率；三是防止眩光特性。节约照明用电，单有高效光源，若灯具效率低，配光不合理也不能充分利用光源发出的光。因最终所利用的光通量是随灯具的效率和利用系数而变化，只有使用光效和利用系数都高的灯具，才能充分利用光源发出的光通量。要节约照明用电，应花大力气提高灯具产品效率和技术水平。

选择配光好、反射率高、维护工作量小的灯具，可以在达到同等照明质量的基础上，减少灯具的数量和电能损耗，从而起到节约能源的作用。根据建设部《“十一五”城市绿色照明工程规划纲要》的要求，在 2010 年，灯具效率在 80% 以上的高效节能灯具应用率达 85% 以上，而目前国内的灯具效率参差不齐，能达到 80% 以上的寥寥无几。灯具效率与反射器的反射率和配光特性、灯罩的透光性能以及灯具的防护性能，有着密切的关系。更换高效灯具可以很好地起到节能的效果，但是更换的成本也是一个不容忽视的问题。

• 电器附件的节能

高光效的气体放电灯是节能照明的优选产品。然而这些灯的工作均需配用相应的附属电器设备。一般来说这些附属电器设备消耗功率约为灯的功率的 10% ~25%，所以应选用与灯的光电参数相匹配的高效节能的电器附件或调光设备，应推广使用节能的电子镇流器和节电的电感镇流器，并逐步取代老式电感镇流器。此外各种时控、光控和智能控制器，路灯节电控制器和技术的应用，节能显著。为了节能，还有气体放电灯应通过电容补偿，使功率因数不低于0.9。

• 节能型镇流器

根据建设部《“十一五”城市绿色照明工程规划纲要》的要求，高压钠灯镇流器能效指标因素（BEF）达到或超过GB19574—2004标准。国内大量的电感镇流器仍是传统老产品，其性能稳定、价格便宜，但功率损耗大。从我国国情出发，如果把传统电感镇流器更新为节能型的，将会取得可观的节能效果。

表1-3-1 普通电感镇流器与节能型电感镇流器的功耗比较

灯功率（W）	镇流器功耗占灯功率百分比（%）		节电率（%）
	普通电感	节能型电感	
100	15~20	<11	4~9
150	15~18	<12	3~6
250	14~18	<10	4~8
400	12~14	<9	3~5

• 电子镇流器

电子镇流器具有效率高、功率因数高、无频闪、无噪声和节能等优点，用电子镇流器替代传统电感镇流器可节电20%~30%。但目前大功率HID电子镇流器，因线路复杂、散热困难、成本高等原因，导致价格过高或产品质量难以令人满意，适用范围受到限制。

• 变功率镇流器

该装置是通过一定时控制器（一般在路灯开灯后4~6小时），在路灯回路串入附加镇流器，将光源功率降下来，从而达到节能的目的。使用变功率镇流器会使路面平均照度下降30%，但均匀度仍保持不变，这在后半夜车流、行人较少时，对使用功能不会有明显影响，如果计及后半夜电源电压上升的因素，路面照明的下降还会小些。运行后，该装置的节电率可达20%以上，一次投资小，但变功率镇流器体积比常规镇流器要大，有的灯具电器室如果较小的话，安装就会有困难，尤其是对原有路灯的改造中，这个矛盾可能会更突出。

3.2.3 管理节能

（1）选择合理的照度和最佳的照明方式

严格按国家制定的相关照明标准进行设计。城市功能照明应严格执行新修编的《城市道路照明设计标准》，城市景观照明设计在我国景观照明照度标准发布之前，建议参照国际照明委员会（CIE）的标准进行设计。其中被照对象的照度、亮度、均匀度、功率密度（LPD）值以及限制光污染指标均不得超CIE和相关标准的规定。

选择照度是照明设计的首要问题。照度太低，会影响夜间车辆和行人的通行，产生交通安全事故，造成生命和财产受损的严重后果，而不合理的高照度则会浪费电力。

表 1-3-2　采用不同设计标准的能耗密度比较

车行道宽（m）	E 平均（lx）	光源（W）	排列	灯间距（m）	能耗密度（W/m^2）	能耗增减（%）
14	15	150	单侧	32	0.335★	—
	25	150	双排	40	0.536	+60.0
	30	150	双排	33	0.649	+93.7
20	20	150	双排	36	0.417★	—
	30	250	双排	42	0.595	+42.9
	40	250	双排	32	0.781	+87.3
30	20	250	双排	40	0.417	-14.9
	25	250	双排	34	0.490★	—
	30	250	双排	28	0.595	+21.4
	40	400	双排	39	0.684	+39.6
40	20	250	双排	33	0.379	-26.2
	30	400	双排	39	0.513★	—
	40	400	双排	29	0.690	+34.5

注：各种道路采用不同设计标准的能耗密度增减值，以打★者作为基准值。

城市功能照明方式有单侧布置、双侧交错布置、双侧对称布置、中心对称布置和横向悬索布置等多种方式；景观照明的方式有轮廓照明、泛（投）光照明、内透光照明、功能光照明、月光照明、剪影照明、层叠照明和特种照明等多种方式。应根据不同被照对象的特点和照明要求，选择最节能的照明方式。例如为了节能，被照对象的表面反射比低于0.2和玻璃幕墙建筑不宜使用泛光照明，应选择内透光或自发光材料进行照明的方式。

（2）全、半夜灯运行方式

现在城市的主干道很宽，许多道路的功能照明采用了双光源或多火灯，而下半夜车辆稀少，对照明质量的要求可以适当降低。此外，现在很多三块板式的道路结构，在照明设计时通常考虑了快、慢车道的照明，而在后半夜，慢车道的非机动车和行人很少，对照明的要求不高。对于这些情况，采用全、半夜灯的运行方式，可以取得很好的节能效果。

表 1-3-3　两种全、半夜组合方式的节电比较

全夜灯功率（W）	半夜灯功率（W）	年亮灯时间（h）	半夜灯时间（h）	与纯全夜方式的能耗比值（%）	节电率（%）
250	150	4200	5	0.788	21.2
400	250	4200	5	0.783	21.7

(3) 智能化控制

城市照明的智能化控制，特别是路灯“三遥”监控系统的发展，是具有高技术含量的路灯控制系统。它利用有线或无线的传输方式，使用计算机系统对路灯的启闭、运行状态、故障监测等进行遥控、遥测、遥信，从而实现对路灯的远距离监控和管理，可按现场实际情况，通过天文钟、智能探头或内部编程、远程计算机遥控，实现时控、光控、程控等多种智能化控制，为缓解电力紧张形势，利用智能化控制达到节能目的。

以开灯控制为例，在江南一年中晴天约有1/3，多云的天气为1/3强，阴雨天为1/3弱。其中，通过光控来控制比定时控制，在晴天会比多云天晚5~10分钟，比阴雨天晚15~35分钟。

经统计，其分布概率如表1-3-4。

表1-3-4 分布概率表

5分钟	10分钟	15分钟	20分钟	25分钟
20%	10%	10%	10%	10%

计算 (5×20% +10×10% +15×10% +20×10% +25×10%) ×365/60 =48.7小时。因此，去除其他一些干扰因素，通过光控来调整开灯时间，亦可以全年节电1%左右。

(4) 合理的养护管理制度

再好的设备时间长了性能也会改变。光源的光衰减、寿命的缩短及光色的变化，还有不可忽视的照明灯具污染都会造成光通的损失。由于光源和照明器的污染，使光通降低，这是造成能源浪费的原因。

因此应将光源的有效寿命、更换周期及灯具清扫间隔等作为设计时的相关因素予以考虑。加强管理，制定合理的养护管理制度，及时修复故障灯，减少照明设施维护期的光损失，提高其节能效果；定期更换下寿命到期、光通量降低的光源，改变重建设轻管理的错误观念，照明工程重建设更要重长效管理。而在设计时，考虑到将来的养护管理工作，多采用维护管理容易的照明方式、照明器具和光源，将可减少维修的人力工作，间接发挥节能的效果。

3.2.4 节能降耗案例分析

(1) 紧凑型节能灯替代高压汞灯技术经济分析

表1-3-5 技术指标比较

	光通量 (Lm)	平均寿命 (h)	镇损 (W)
GGY50	1650	8000	8
25W节能灯 (3U)	1378	6000	3
40W节能灯 (4U)	1800	6000	5

表中：光通量及平均寿命按亚牌灯泡，镇损按12%。

表 1-3-6　投资比较

	灯泡	镇流器	备注
GGY50	9 元	45 元	飞亚牌灯泡为 15 元
25W 节能灯（3U）	15 元		
40W 节能灯（4U）	45 元		

表中：价格按“亚”牌。

年运行费用比较：GGY50：$9\text{元}\times\frac{4200\text{h}}{8000\text{h}}+\frac{45\text{元}}{10\text{年}}+\frac{(50+8)\text{W}\times4200\text{h}}{1000}\times0.52\text{元/度}$

$=9.23\text{元}+126.67\text{元}=135.90\text{元}$

25W 节能灯：$15\text{元}\times\frac{4200\text{h}}{6000\text{h}}+\frac{(25+3)\text{W}\times4200\text{h}}{1000}\times0.52\text{元/度}$

$=10.50\text{元}+61.15\text{元}=71.65\text{元}$

40W 节能灯：$45\text{元}\times\frac{4200\text{h}}{6000\text{h}}+\frac{(40+5)\text{W}\times4200\text{h}}{1000}\times0.52\text{元/度}$

$=31.50\text{元}+92.28\text{元}=123.78\text{元}$

结论：用 40W（4U）节能灯代替 50W 汞灯，照度略有提高，初期投资和年运行费用分别下降 16% 和 9.8%。每盏灯年节电 54.6 度，节电费 28.39 元。

用 25W（3U）节能灯代替 50W 汞灯，照度略有降低，初期投资和年运行费用分别下降 72% 和 47%。每盏灯年节电 126 度，节电费 65.52 元，效果明显。

（2）智能节能器节能技术经济分析

现以一台计控箱带 120 盏 250W 钠灯进行节能改造为例，对某厂家智能节能装置进行技术经济分析。

该装置是通过微电脑实时采集输入电压信号，并与设定输出电压进行比较，一般通过调节串联电抗器的抽头位置，将输出电压自动调至设定值。该装置是通过“降压”来节能，适合于电源电压较高的场合，其调节范围也应适度，否则会影响路灯的正常运行。其节电率一般在 10% ~20%，一次投资较高，且体积大，安装位置受一定限制。其节能效果如表 1-3-7。

表 1-3-7　智能节能器节能效果

节能装置名称	投资（万元）	节电率（%）	年节电量（度）	年节电费（万元）	投资回收期（年）
智能照明节电装置	3.8	20	25200	1.31	2.90

注：该装置选 45kVA（0.25kW × 120 ÷ 0.85 = 35.3kVA），投资按某厂家报价，年运行时间按 4200 小时，电费按 0.52 元/度。

（3）变功率镇流器技术经济分析

现也以一台计控箱带 120 盏 250W 钠灯进行节能改造为例，对某厂的变功率节能装置进行技术经济分析。其节能效果如表 1-3-8。

表1-3-8 变功率镇流器节能效果

节能装置名称	投资（万元）	节电率（%）	年节电量（度）	年节电费（万元）	投资回收期（年）
变功率镇流器	1.8	24	33452	1.74	1.03

注：250W/150W变功率镇流器每套按150元。年运行小时为4200-365×4.5=2557.5小时，每套节电为（250+25）-（150+16）=109W，电费按0.52元/度。

（4）管理节能案例

这是一个管理节能的策划案例：

合作项目：一国际城市照明管理集团负责为华南一市提供具有道路照明节能和优化运行管理服务的系统设备。

合作各方分别为：华南城市、国际城市照明管理集团

合作内容为：建立城市道路照明网络资料库
编制城市照明规划
建立系统监控管理中心并投入运行
协助道路照明的管理

合作期限：5年

管理区域：城市主城区

道路照明：29229个照明点

亮化照明：8786个照明点

技术经济分析：现有设施目前正常消耗电合计人民币：18191360.00元。
Luxicom系统监控运行可以节省35%的耗电量，折合人民币5503697.58元人民币。
Luxicom系统安装后，城市可以从每年节省的费用中获得3/4份额，即：412773.18元人民币。详见表1-3-9。

3.3 城市照明节能降耗的具体实施措施

为促进城市照明的健康发展，做好城市照明节能降耗工作，要在以人为本，全面协调可持续的科学发展观指导下，明确我国现阶段城市照明工作的目标：服务城市经济社会发展，以城市功能照明为主，适当发展景观照明；在城市总体规划的框架下，组织制定城市照明规划；建立符合我国国情的城市照明管理体制和机制；运用市场方法，发展和繁荣优质高效、经济舒适、安全可靠、节能环保的城市照明行业。城市照明是涉及不同行业和部门的一项综合性工作，又是集新光源、新材料研发，规划设计，产品生产销售，建设施工运营等多环节，产业关联长的系统工程，须采取综合措施。

3.3.1 健全节能法律法规，完善标准规范体系

加快制定和修订城市绿色照明相关的法律法规和规章制度，进一步完善节能相关的标准和规范体系，是当前首要工作。

通过总结城市绿色照明的运作经验，继续优化完善，组织落实编制《城市照明节能技术规定》和《城市照明节能监管办法》，及时出台有关城市绿色照明的技术规定和节能办法。

表1－3－9 Luxicom系统节能效果

		PUISSANCE						Consommation E.P.	Nouvelle Conso.
		Quantite PL 灯数	Puissance (W) 瓦数	Puissance de référence avec Ballast (W) 瓦数 包括电气	Cumul (W)	Total Puissance Installée (kW) 路灯安装功率	Heures de Fonct. global annuel 年运行时间	Puissance Absorbée (kWh) 年路灯耗电	Puissance Absorbée avec LUXICOM (kWh) 安装LUXICOM系统后
		Q		C	D=AxQxC		E	f=DxE	35% d'economie
Sodium Haute Pression	钠灯	3340	400	438	1462920.00	1462.92	4 325.00	6 327 129.00	4112633.85
Sodium Haute Pression	钠灯	6050	250	276	1669800.00	1669.80	4 325.00	7 221 885.00	4694225.25
Sodium Haute Pression	钠灯	7415	150	168	1245720.00	1245.72	4 325.00	5 387 739.00	3502030.35
Sodium Haute Pression	钠灯	286	100	114	32604.00	32.60	4 325.00	141 012.30	91657.995
Sodium Haute Pression	钠灯	3652	70	82	299464.00	299.46	4 325.00	1 295 181.80	841868.17
Sodium Haute Pression	钠灯	209	50	60	12540.00	12.54	4 325.00	54 235.50	35253.075
Mercure	汞灯	198	250	268	53064.00	53.06	4 325.00	229 501.80	149176.17
Mercure	汞灯	56	125	140	7840.00	7.84	4 325.00	33 908.00	22040.2
SOMME POUR LUXICOM	单灯控制数	21206	4311.94			4783.95		20 690 592.40	13 448 885.06
Divers	其它	82	0	0	0.00	0.00	4 325.00	0.00	0.00
Divers	其它	2	4000	4000	8000.00	8.00	4 325.00	34 600.00	34 600.00
Divers	其它	8	500	500	4000.00	4.00	4 325.00	17 300.00	17 300.00
Divers	其它	150	300	300	45000.00	45.00	4 325.00	194 625.00	194 625.00
Divers	其它	30	45	45	1350.00	1.35	4 325.00	5 838.75	5 838.75
Divers	其它	256	40	40	10240.00	10.24	4 325.00	44 288.00	44 288.00
Divers	其它	1110	25	25	27750.00	27.75	4 325.00	120 018.75	120 018.75
Divers	其它	525	20	20	10500.00	10.50	4 325.00	45 412.50	45 412.50
Divers	其它	4140	15	15	62100.00	62.10	4 325.00	268 582.50	268 582.50
Divers	其它	1016	14	14	14224.00	14.22	4 325.00	61 518.80	61 518.80
Divers	其它	100	5	5	500.00	0.50	4 325.00	2 162.50	2 162.50
Lampe Incandescante	白枳灯	601	100	100	60100.00	60.10	4 325.00	259 932.50	259 932.50
Lampe Incandescante	白枳灯	3	60	60	180.00	0.18	4 325.00	778.50	778.50
ILLUMINATION	安装功率	8786	150	150	1317900.00	1317.90	1 662.00	2 190 349.80	2 190 349.80
SOMME HORS LUXICOM	非单灯控制数	16809	1561.844			1561.84		3245407.60	3 245 407.60
Total	灯总数	38015			Total kW installé	6345.80	Total kWh consommés	23 936 000.00	16 694 292.66
						Coût 1 kWh consommé	按每度电0，76元人民币	¥0.76	
						Coût de l'energie	成本估算	¥18 191 360.00	¥12 687 662.42
							Economie d'Energie		¥5 503 697.58

加强城市照明产品能效标准体系建设；健全制订能效标准、节能认证、能效标识的工作协调机制；加快研究、起草、制订、完善各类照明产品的能效标准。

3.3.2 推进照明体制改革，完善建设管理机制

改革管理体制，强化管理机制按照“政事分开，政企分开”的原则，改革建、管、养一体的管理体制，将市场机制有机地引入城市照明建设工作。按照“有利管理，集中高效”的原则，积极探索将城市照明建设、管理统一到一个部门，集中行使管理职能，有效落实各项政策。实行城市照明集中管理模式，提高资源的利用率，有组织、有领导、有计划地探索城市照明的管理架构、管理理念、管理方式等方面新模式，促进城市绿色照明管理水平的全面提升。

各级建设行政主管部门要努力提高对城市绿色照明管理工作的认识，积极会同节能主管部门，进一步加强对城市绿色照明工作的组织和指导，采取有力措施，提高城市绿色照明管理工作的水平。

尽快建立能效领域的市场准入制度；健全能效标准实施与监督机制；加强法律普及和执法检查，坚决防止和纠正有法不依、违法不究、执法不严，形成依法节能的良好氛围。对于节能工作开展得好、节能效果显著的单位，有奖励措施，对于能耗超标、严重违反有关标准规范的责任单位和责任人，有制约措施。

建立地方政府、行业管理部门城市绿色照明、节能目标责任制。切实加强专业管理；规范市场竞争；坚持建设改造与维护管理并重；进一步完善管理机制；建立完善联动协调的工作机制。把绿色照明、节能考核指标、装灯普及率目标、专项经费投入使用情况纳入对各级政府的考核内容，提高各级政府和相关部门协同开展绿色照明的主动性和创造性。采用大宗采购、电力需求侧管理、合同能源管理和质量承诺等市场机制和财政补贴激励机制，重点推广高效照明产品。

3.3.3 抓好规划编制工作，强化规划指导作用

按照建设部的要求，依据城市总体规划并结合当地实际，各地应抓紧编制城市照明专项规划；各地按国家行业标准《城市照明规划规范》（征求意见稿）的要求制定好本城市的照明总体规划，在编制城市照明专项规划时要按照城市不同的功能分区，制定城市照明目标和要求。

科学制定城市照明规划，确保以道路照明为主的功能照明，严格控制装饰性景观照明。规划中要明确道路照明的分级标准，确定合理的照（亮）度、光色要求；景观照明的布局、照明体系、对象和设计要点；城市照明的节能与环保要求，明确城市照明工作的节能具体措施，提出切实可行实施方案；提出照明建设与管理的建议等。对不符合城市发展需求和节能、环保原则的城市照明专项规划，要抓紧进行修改完善。

要加强城市照明规划的指导作用，全面推行规划评审和规划管理，实行长效管理。根据当地的城市建设、经济社会发展水平、电力供应状况，合理确定城市照明工程的建设规模，有计划、有步骤地对主要景观道路、窗口地区、商业街区等重点地区实施景观照明建设。

在实施中要根据规划要求明确城市照明工作的实施原则，做到规划、设计、建设和管理统一协调，严格控制城市景观照明的范围、照（亮）度和能耗密度指标，明确节电的指标和措施，做到合理布局、主次兼顾、重点突出、特色鲜明。

城市照明工程建设应纳入公共财政体系，要实事求是地针对现状问题、经济基础条件、地方特色，制定适合自身情况的发展目标，由各级城市政府提供必要的资金保证，应根据自身经济发展水平，制定在规划期限内能够实现的目标，禁止采用强行摊派的方式推动城市景观照明工程建设。

3.3.4 规范照明工程建设，落实设施长效管理

实行城市照明集中管理，因地制宜逐步落实建管分离，施工、养护积极引入竞争机制，科学合理地建设和管理城市照明设施。

城市照明工程的设计和施工必须严格执行国家部委有关照明节能的标准规范，实行规划、设计和工程专业资质管理制度，建立城市照明工作相应的审批、监督和验收程序和执行机制。

规范城市照明设计建设市场秩序，以城市照明专项规划作为城市照明建设的依据。实现城市照明节电从源头抓起的要求。对大型城市照明项目进行方案优选，提出多套方案，通过对照明质量、效果、能耗、成本、后期管理等多方面因素的比较，组织专家比选、论证或评审。

加强照明节电管理。实施城市照明集中管理、集中监控和分时分区控制模式，科学合理地安排亮化开关时间，努力降低电耗。逐步建立和完善城市照明设施的维护、控制、投入保障等方面的配套制度，依法打击各类盗窃和破坏城市照明设施的行为，落实城市照明设施的长效管理。

3.3.5 推广照明节能技术，采用高效低耗产品

在城市照明工作中全面推广节能技术和节能措施，鼓励使用符合绿色照明技术的新材料、新技术、新设备。进一步规范市场行为，扶持生产城市照明优质、高效产品的企业提高科技水平，鼓励引导自主创新，提高产品科技含量，增强市场竞争力。

制定高效照明工艺、技术、设备及产品的推荐目录。城市照明的光源、灯具和控制系统的使用，应优先选择绿色产品目录中的产品，优先采购通过绿色节能照明认证、经过专业检测审核或通过环境管理体系认证的企业的产品，优先采购规模型、质量型、绿色型的器材。加大财政贴补推广高效照明产品力度。

加快淘汰低效照明产品。制定淘汰低效照明产品、推广高效照明产品计划。适时公布工艺、技术、设备及产品落后的淘汰目录；正确引导社会消费意识和行为，通过绿色采购正确引导社会意识和行为，购买和使用符合节能降耗要求的绿色照明产品。

3.3.6 提高信息管理水平，增强科技支撑能力

建立和完善城市照明信息交流平台，为节能工作提供技术支持。开展绿色照明新型节能产品、新工艺、新技术研究；加强重大关键技术的科技攻关、技术开发和应用；加快相关制造业的产业升级；加强科技创新基地和国家重点城市照明专项实验室及检测技术中心建设；充分利用城市照明行业专业技术人员力量，提高节能技术，创新节能措施。通过各项鼓励政策，加大节能技术的推广，节能措施的实施和节能产品的运用。

建立以城市地理信息系统（GIS）平台为基础的信息化管理系统，实现高标准、高质量、高水平的城市照明管理目标，促进提高城市照明设施养护管理效率，提高信息的共享程度，动态掌握城市照明的现状分布和发展状况，提高城市照明管理水平，以及为社会提供公共服务的质量水平。加强城市照明行业人才培养；开展国际城市照明节能的合作与交流，学习借鉴国外先进节能技术和经验。

3.3.7 推进城市绿色照明，扩大示范工程效应

深入广泛开展城市绿色照明示范工程活动；开展现有路灯、景观照明的节能改造。城市照明工程凭借其从业人员的专业化程度，充分运用多种节能技术，实施绿色照明示范工程。充分利用行业的技术力量，因地制宜做好各级建筑照明的业务指导和节能督导工作。城市照明专业单位的率先行动，将在社会上产生很好的示范作用。

示范工程以推动节约能源、保护环境、提高城市照明质量、改善城市人居环境，适应和服务于国家社会进步和现代化进程为宗旨。通过示范工程的实施，逐步纠正城市照明存在片面追求高亮度、多色彩、大规模的问题，提高城市照明行业的节能环保意识，减少温室气体排放，完善城市照明节能的规范和标准，促进城市照明科学、健康、可持续发展，到2010年实现城市照明节电25%的目标。

创建示范项目，不断总结经验，做好宣传推广工作，扩大示范效应。在1～2年的时间内，在全国每个地级市范围内至少创建一个示范项目，作为绿色照明的样板工程在当地推广，带动其他领域绿色照明工作的展开。考虑先在经济发达地区的城市中开展，然后向全国辐射。

3.3.8 加大节能宣传力度，提高社会节能意识

利用各种社会宣传阵地，深入持久开展城市绿色照明宣传，宣传“节约资源和保护环境是基本国策”；提高全民节能意识，动员全社会都来关心支持城市照明节能工作；尤其要加强对各级领导和管理人员的绿色照明的宣传；通过培训班或研讨会等方式普及节能知识；增加政府对绿色照明宣传的投入，建立绿色照明宣传专项资金。

3.4 城市照明节能降耗的保障措施

要将城市照明节能降耗的各项措施落到实处，就必须在政策、体制、机制、技术、人才和资金等多方面给予保障。

3.4.1 政策保障

节能工作的推进，技术革新是前提，政策扶持是首要保障。通过技术改进，管理水平提高，节约用电的单位应得奖励，而违反规范、超过标准、高耗低效等不符合节能原则的行为，应有制约措施，通过政策引导来促进城市照明管理水平的全面提升。

组织制订《城市照明管理规定》和节能降耗实施、督促、监管、检查和考核工作有关政策和规定，建立完善并具有可操作性的城市绿色照明节能实施和评价体系，要尽快建立健全城市照明节能管理统计、监测制度，严格执行设计、施工、管理等专业标准和单位能耗限额指标，实行城市照明全寿命消耗成本管理。

3.4.2 体制保障

按照建设部提出的城市照明“集中高效，统一管理”的原则，实行城市照明集中管理模式，组建统一的城市照明管理机构，提高资源的利用率，有组织、有领导、有计划地开展城市照明的管理架构、管理理念、管理方式等方面新模式，促进城市照明管理水平的全面提升，提高环境效益和经济效益。

功能照明与景观照明的集中管理，可以充分利用现有的人才资源、技术资源、机械设备资源，有利于发挥城市功能照明已有的成熟的控制系统以及一套完整的日常管理、养护制度，并将控制管理水平在原有基础上完善和提高，发挥各类资源的最大效应，以节能为主的绿色照明工作将事半功倍。

集中管理也便于建立通畅管理渠道和完善的协调机制，对于各项节能工作的推进，有了完整的计划、实施、督促、检查和考核环节；对于政策的下达，基层情况的上报，统一规划和设计，节能产品的选用等各项管理措施的推行，都能较好地予以落实，从而提高各项工作的效率。

3.4.3 机制保障

贯彻构建节约型社会的精神，完善政府和领导绩效考核指标体系，把科学合理的绿色照明、节能考核指标纳入地方政府和党政领导绩效考核中。建立地方政府、行业管理部门城市绿色照明、节能目标责任制。把绿色照明、节能考核指标、装灯普及率目标、专项经费投入使用情况纳入对各级政府考核内容，提高各级政府和相关部门协同开展绿色照明的主动性和创造性。

建设单位应当将城市公共照明专业设计报送城市照明行政主管部门审查。相关行政主管部门在审定城市基础设施、工业区、住宅区、环境绿化、附属公共设施工程等新建、改建、扩建初步设计方案时，应当征询城市公共照明管理机构的意见。重大设计项目应当实行专家论证制度。参与城市照明设计的单位、人员应具备相应的资质和从业资格，并在资质许可的范围内从事设计工作。

作为政府职能的城市照明管理工作，应当也具备条件引入市场机制，对城市照明建设和养护工作进行改革。

3.4.4 监管保障

建立科学的城市照明监管体系，在资质、从业能力、信誉、人员、设备等环节中，实行城市照明的设计、建设、维护"准入机制"和设计方案预审、新建工程验收、养护维护考核等"管理机制"。进一步完善设计方案、施工、维护、材料设备的招投标制。注重市场化运作的监管，建立市场准入机制、规范设计、施工、维护、考核管理、社会评价等环节，有效配置资源，保障安全，提高公共服务质量。

建立相应的监督管理机制，推动市场约束机制的建立、辅助政府的质量监管，加强施工图审查制度，完善工程验收制度，强化设计、验收工作中对于节能指标的审查。特别是新建、改建的工程必须进行施工图设计文件审查。施工图未经审查合格的，不得使用，不得颁发施工许可证。工程验收时将照明的效果及实际耗能作为验收的必备因素，不符合设计要求的不得竣工。

3.4.5 技术保障

城市照明的节能降耗工作的推进，照明技术的快速发展是基础。诸如 LED、陶瓷金卤灯、电子镇流器等高效节能照明产品、技术的不断涌现，使我国城市照明能耗有更大的降低，节省维护费用成为可能。我国的城市照明用光源、灯具以及控制技术等领域的最新发展以及相关节能规定进行广泛、深入的研究，将指导我国城市照明实践的更好发展。

国内的照明产品生产企业应加大自主产品的开发力度，提高产品的技术含量，创造具有自主知识产权的知名品牌。同时，加大太阳能、风能等新能源转换效率及蓄电技术的攻关、研发力度，争取新能源在城市照明中大规模使用，实现城市照明的源头节能。

3.4.6 人才保障

城市照明的管理范围不断延伸，从单一的道路照明发展到集功能照明与景观照明于一体，成为一项涉及电气、光学、机械、建筑、计算机、美学、材料学等相关学科的复合型专业。

目前，我国高等教育体系中尚无城市照明专业设置，城市照明规划人才极为缺乏。大多数从业人员都是从其他学科毕业后转入，人才结构极不合理。应尽快选择有条件的高校，组织筹建照明规划设计专业，解决市场人才需求问题。

加快专业人才培养，加强城市照明技术人员的素质教育，才能为绿色照明建设管理决策提供技术支持。在专业管理单位中，自身也要加快人才的锻炼和培养，为城市照明行业的健康发展提供智力支持。

3.4.7 产品保障

严格执行各类光源和电器产品的能效限定值及能效等级。认真落实国家发展改革委和财政部颁布的《节能产品政府采购实施意见》。在政府采购中，要优先采购绿色产品目录中的产品，优先采购通过绿色节能照明认证、经过专业检测审核或通过环境管理体系认证的企业的产品，优先采购规模型、质量型、绿色型的器材。规范市场行为，扶持城市照明优质、高效产品生产企业提高科技水平，鼓励引导自主创新，提高产品科技含量，增强市场竞争力。

3.4.8 资金保障

将城市照明节能降耗所需的经费，纳入公共财政体系。与城市新区开发和旧城改造的新建、改建、扩建项目的城市照明设施配套资金一并考虑，纳入新建、改建、扩建项目投资概算。对城市照明设施的节能措施费用，应足额保障，专款专用。

节能工作的推进，技术革新是前提，对于节能产品的研发、节能技术的推广、节能产品的应用，应当给予适当补偿，以化解“节能不节钱”的矛盾，这项工作对于节能工作的推广可谓至关重要。

3.5 关于目前急需解决的几个问题

尽快解决合同能源管理所遇到的政策瓶颈，建议由发改委、财政部等部委尽快出台“推进合同能源管理工作的若干条例”。通过分享节能效益赢利，建立推动和实施节能措施的新机制，不断提升专业管理机构的节能积极性，推动城市照明节能的进程。

由科技部、工业与信息产业部等相关部委，集中财力和人力，攻破目前LED制造方面最大的技术问题，即提高内量子效率和出光效率，降低光衰（提高寿命）与降低成本。尽快达到城市功能照明中的技术要求，以便在城市功能照明中大规模使用，从而从源头上落实节能工作。

由发改委、科技部等相关部委，加大太阳能、风能等新能源转换效率及蓄电技术的攻关、研发力度，争取新能源在城市照明中大规模使用。

建设部会同国家发改委出台了《关于加强城市照明管理促进节约用电工作的意见》（建城〔2004〕204号）、《关于进一步加强城市照明节电工作的通知》（建城函〔2005〕234号）等一系列的文件。以节能为目的，明确了绿色照明的管理对象、工作原则和任务，提出了体制改革、法规建设、标准完善、市场监管等方面的指导意见。

2004年开始组织开展了“城市绿色照明示范工程”活动，通过树立节能典型，推广节能经验，逐步纠正城市照明存在片面追求高亮度、多色彩、大规模的问题，提高了城市照明行业的节能环保意识，扩大了社会影响，提高了各方参与绿色照明节能的积极性，完善了城市照明节能的规范和标准。

建设部组织专家编写了《“十一五”城市绿色照明工程规划纲要》，阐述了推进城市绿色照明工程的重要意义，明确了推进城市绿色照明工作的指导思想、遵循原则，提出了“年节电5%、5年累计节电25%”的节能总目标，细化了专业的分项量化指标，明确了工作重点和保障措施，成为指导地方开展城市绿色照明工作的重要依据。

总而言之，我国的城市照明建设事业正处于由量的建设向质的建设转化的重要战略发展时期，适时引入并推广先进的城市绿色照明的技术与理念，培育高水平的专业照明设计队伍，建立高效的管理体制，制订实施方案，明确职能部门，落实有效措施，建立目标责任制度、督导监管制度和检查考核制度，将对我国的城市绿色照明建设提高水平、保持可持续发展起到积极有效的推进作用。

第2章　全国城市照明现状调查

1　调查背景

城市照明发展起步较早，首先出现并持续发展的是道桥、广场、隧道等室外公共空间的功能性照明，过去定义为"道路照明"。随着经济建设的高速发展，城镇化进程的加速，社会公共服务水平的提高，城市照明得到了长足发展，对改善城市人居环境、保障社会治安、提高城市整体素质、推动内需、拉动城市夜间经济发挥了积极作用，为城市的社会效益、环境效益、经济效益做出了贡献。20世纪90年代，在功能照明并存的同时，出现了融入城市景观要素的装饰照明。功能照明与景观照明形成了城市灯光夜景。

在城市照明发展过程中，低效率、高能耗、光污染等问题较为突出。同时，全国节能减排面临的形势仍然相当严峻。当前，国家确定要把节能减排作为加强宏观调控的重点，作为调整经济结构、转变增长方式的突破口和重要抓手，作为贯彻科学发展观和构建和谐社会的重要举措。因此，运用绿色照明理念和技术，提升城市照明建设与发展的质量，满足城市发展和人民群众的要求，处理好城市照明快速发展与节能减排之间的关系，大力推广高效节能产品，切实贯彻落实资源节约的基本国策，促进城市照明事业科学、健康、可持续发展，具有现实意义。全社会节约用能、科学照明、保护环境的意识有待进一步加强。

树立和落实以人为本、全面协调可持续的科学发展观，按照节约型社会的要求，提高城市照明的节能环保意识，纠正发展中片面追求"高、多、大、特、亮"的不正之风，缓解城市照明的快速发展与电力供应紧张之间的矛盾，使城市照明（包括功能照明和景观照明）的建设与管理步入科学化、有序化的轨道。目前照明的年用电量占全国总发电量的10%～12%，其年耗电相当于3个在建三峡水力发电工程投产后的发电能力，且发展趋势较快。城市照明在发展中也不同程度存在着各种误区，在降耗节电、节约能源方面，采取各种措施，科学、持续推动城市照明发展大有作为。因此，结合城市照明发展方向与节能降耗问题研究课题，组织了城市照明行业基本情况的调研。

2　调查说明

2.1　调查对象

此次调查对象主要为地级以上的城市。

2.2　调查内容

此次调查从以下 12 方面展开调查：

①城市照明规划设计；②城市照明控制与管理；③城市照明建设成效；④城市照明工程建设与施工；⑤城市照明与能源的有效利用；⑥城市照明与环境保护；⑦城市道路照明；⑧城市建筑照明；⑨城市公共空间照明；⑩城市广告照明；⑪城市景观照明灯具设施；⑫其他。

2.3　调查时间

调查时间：2007 年 10 月 –2008 年 1 月；数据截止时间：2006 年 12 月。

2.4　调查方法

此次调查是将调查表发给各省、自治区城市照明行业协会，由协会组织进行调查。

2.5　调查问卷情况

此次调查共收回问卷 120 份，涵盖了东北、华北、华中、华东、华南、西南、西北 7 大地区的 20 个省。内蒙古 1 份，甘肃 8 份，辽宁 2 份，山东 2 份，河北 11 份，河南 10 份，陕西 7 份，安徽 2 份，四川 9 份，湖南 9 份，湖北 17 份，浙江 10 份，江苏 10 份，江西 3 份，贵州 3 份，福建 6 份，云南 1 份，广东 5 份，广西份，海南 2 份，北京市 1 份，重庆市 1 份。

3　调查结果分析

3.1　城市照明规划设计

（1）城市是否已经完成了《城市照明总体规划》

图示 A：此项空白——5%；

图示 B：已经完成——47%；

图示 C：未做——48%。

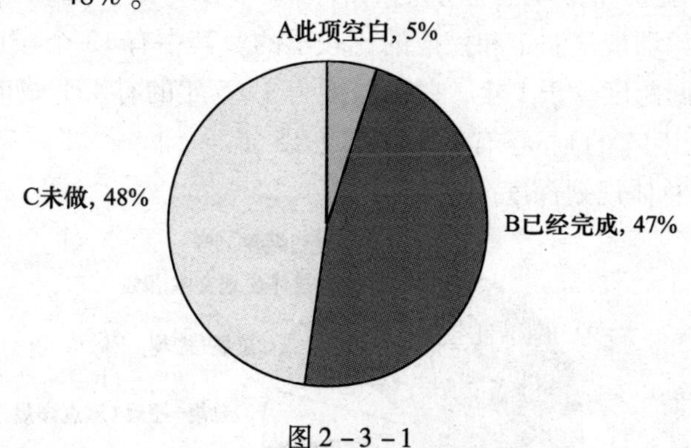

图 2 –3 –1

（2）如果已经完成城市照明总体规划，请问具体的名称，制定与完成城市照明总体规划的时间

25 个城市回答了具体的名称，如下：

重庆市照明规划

北京市景观照明规划

无锡市城市照明专项规划

金华市区 2000—2010 城市照明总体规划

宁波市城市夜景照明计划纲要

苏州市城市照明专项规划（论证完善过程中，目前未批准）

南京市城市照明总体规划

温州市城市照明夜景规划

青岛市迎奥运亮化规划总体方案

永州市中心城区夜景观设计规划

常德市城市夜景照明总体规划

益阳市城市照明总体规划

荆州市中心城区路灯建设，改造规划

焦作市城区路灯“十五”规划

深圳市经济特区灯光景观系统规划

深圳市道路照明系统专项规划

三明市城市灯光环境概念性规划

泉州市中心市区夜景照明工程总体规划设计

咸阳市城市照明五年规划纲要

资阳市城市夜景照明规划

眉山市中心城区亮化工程规划

达州市城市亮化工程实施规划

泸州市城市照明总体规划

（3）制定与完成城市照明总体规划的时间

共有 23 份回答了此问题。

其中有 19 份制定城市照明总体规划的时间集中在 2001 ~ 2004 年以及 2005 ~ 2007 年两个阶段期间。深圳市是制定和完成的比较早的。其中有 13 个城市制定与完成城市照明总体规划的时间跨度少于 1 年，时间跨度为 3 ~ 5 年的有 4 个城市，6 ~ 10 年的有 5 个城市（包括 2 个 10 年的），还有 1 个城市是 15 年。

（4）城市照明总体规划深度

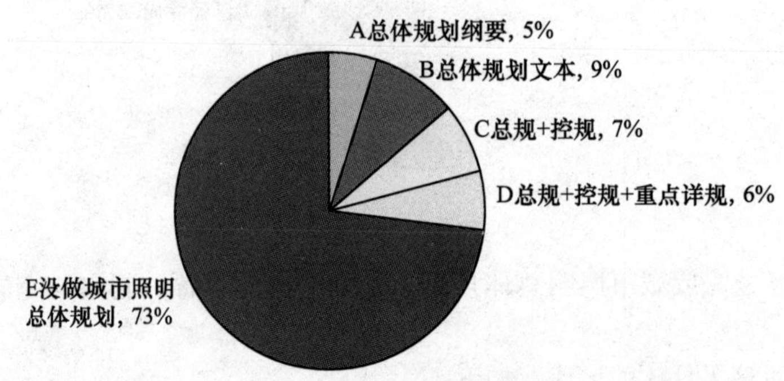

图 2－3－2

（5）由哪些单位负责制定与完成城市照明总体规划

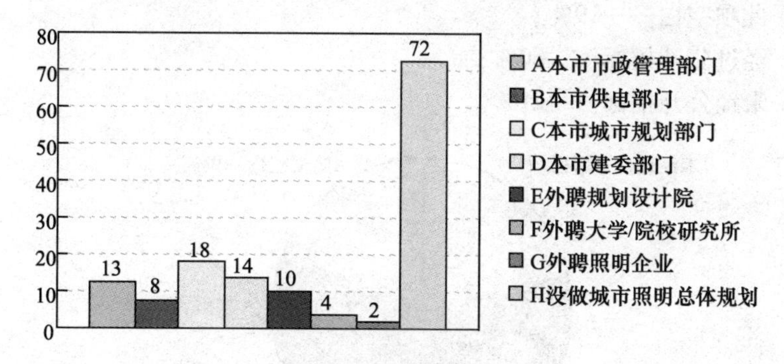

图2－3－3

说明：此问题在收回的问卷中都是多个选择，共有35份问卷回答了此问题，其中只选择A的有4份，只选择B的有4份，只选择C的有6份，只选择D的有2份，只选择E的有1份。其余的18份回答了此题的问卷都是多项选择。

（6）对于还未完成城市照明总体规划的城市，对制定与完成城市照明总体规划的时间有何规划

在61份回答了此题的问卷中，14个城市对制定与完成城市照明总体规划没有计划。另外47个城市则有计划，其中13份有具体的时间，且都集中在最近2年内。

（7）城市是否计划对重点街区与地段进行照明详细规划

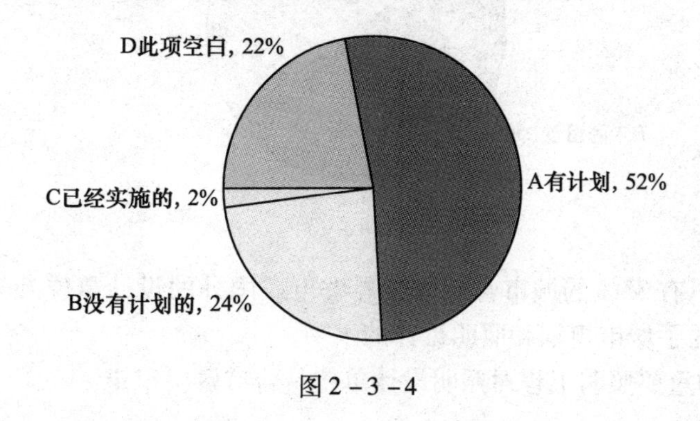

图2－3－4

（8）城市已经或计划由哪些单位负责制定与完成城市照明总体规划

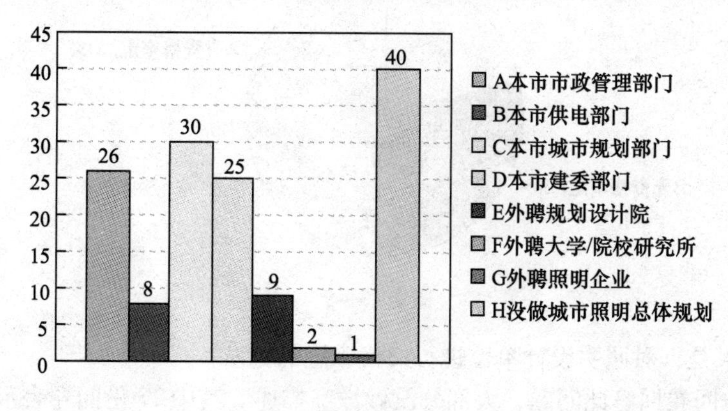

图2－3－5

（9）城市照明规划设计工作是否经过公开招标

图示 A：此项空白——19%；

图示 B：经过公开招标——60%；

图示 C：未经公开招标——21%。

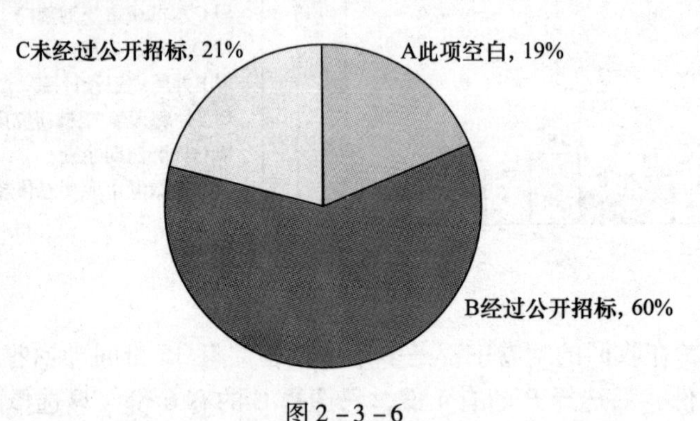

图 2－3－6

（10）城市是否曾聘请过外省市或国外的设计单位参与照明设计

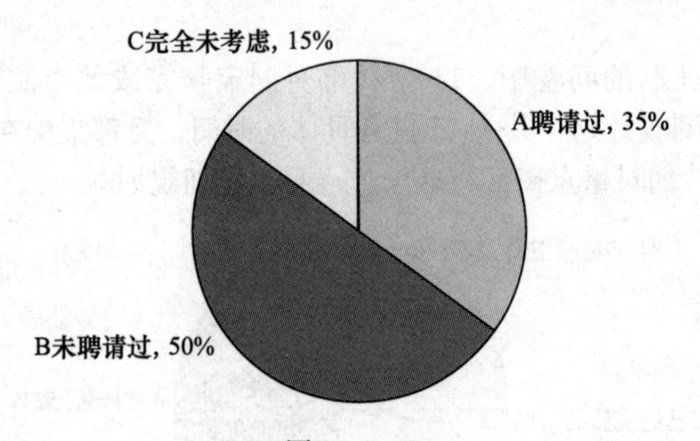

图 2－3－7

从图中看出只有 35% 的城市曾聘请过外省市或国外的设计单位参与照明设计，这从某种程度上制约了城市规划和照明设计的水平。

（11）城市的重要照明工程对照明设计单位是否有资格审定

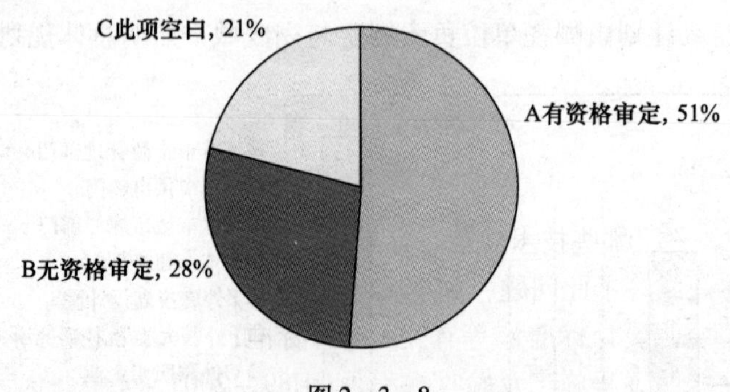

图 2－3－8

（12）如果是，对照明设计单位进行资格审定的方法

共有 35 份问卷回答此问题，大部分没做详细描述。其中 27 份问卷表示要通过资质

审核，业绩审核。少数到企业实地考察和验查设计专业人员从业证书。有4份对照明单位的等级要求作了描述，29份是组织专家组或政府的管理部门（建设局纪检组，政府采购办，路灯管理所）评审，有1份表示对本市建设系统单位较为了解。

（13）城市的城市照明规划设计成果是否经过有关部门进行审查

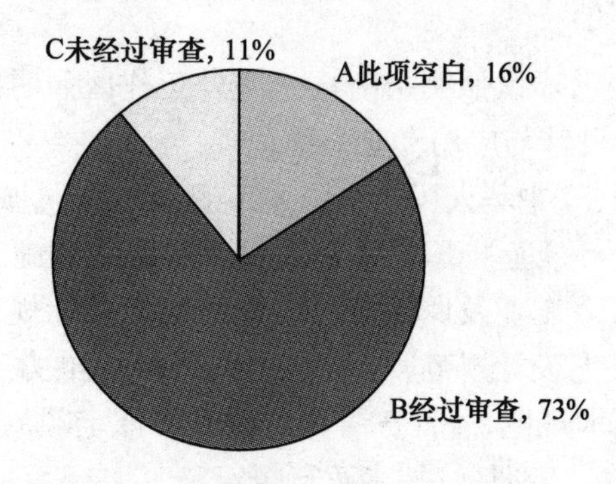

图2-3-9

图示A：此项空白——16%；

图示B：经过审查——73%；

图示C：未经过审查——11%。

（14）如果是，请问评审办法

共有34份问卷回答了此问题，如下：

按照城市总体规划，专业安全技术规范，由城市照明专业管理机构（亮化办、城市照明管理处、路灯管理处）与相关部门共同进行评审。

规划设计，建设管理政府部门论证。

（15）城市的城市照明规划设计是否参照照明专业的技术规范和标准

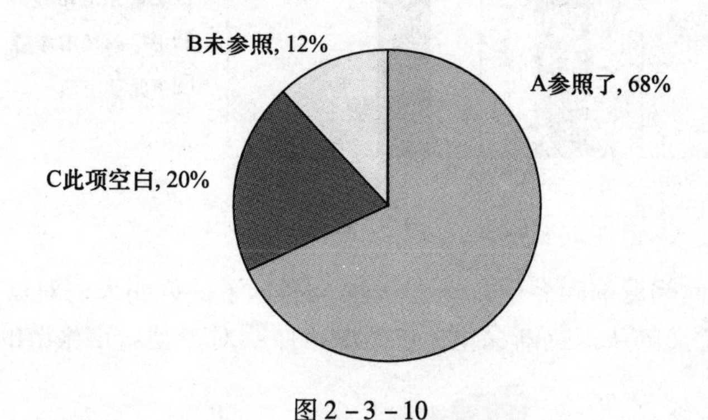

图2-3-10

（16）如果是，参照哪些技术规范、标准或政策

绝大多数问卷都回答了此问题，如下：

①《城市道路照明设计标准》等有关国内外标准；

②《城市道路照明工程施工及验收规程》CJJ89-2001、《中华人民共和国城市规划法》；

③道路照明规划、城市照明规划、景观照明规划、政府总体规划；

④《城市道路照明设施管理规定》、国家建设部的相关规定、建设部市政公用事业

节能技术政策、建设部2004年建城〔2004〕97号关于实施《节约能源——城市绿色照明示范工程》的通知、2004年建成〔2004〕204号《关于加强城市照明管理促进节约用电工作的意见》、2005年建城函〔2005〕234号《关于进一步加强城市照明节电工作的通知》、2006年建办城〔2006〕48号关于印发《"十一五"城市绿色照明工程规划纲要》的通知；

⑤《泛光照明指南》、《城区照明指南》、《室外工作区照明指南》、国际CIE标准；

⑥参照中国道路照明设计与应用专业书籍；

⑦城市电力电讯规划、《中华人民共和国城市规划法》、《城市规划编制办法》；

⑧《民用建筑电器设计规范》JGJ/T16—92、《接地装置施工及验收规范》、《低压电装置及线路设计规范》、《工业及民用电力装置的接地设计规范》、《电力照明装置施工及验收规范》、《低压配电设计规范》（GB50054—95）、电力工程电缆线路设计标准；

⑨江苏省道路照明技术规范、《江苏省路灯设施维修定额》、《江苏省市政工程单位估价表（路灯安装工程）》、《高杆灯技术暂行规定》；

⑩省政府《关于在全省实施"净化亮化美化绿化"工程的通知》、市政府《关于在全市实施"净化绿化亮化美化"工程的通知》；

⑪主要依据灯具说明书进行安装维修或厂家直接到现场安装调试。

（17）您认为城市照明规划/设计对于城市发展有何意义

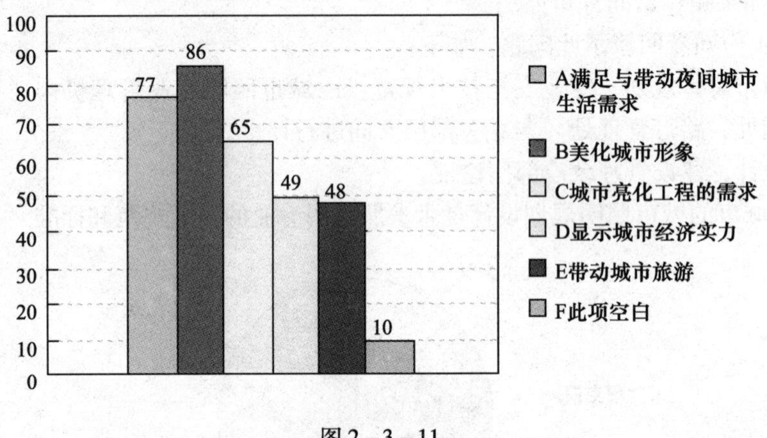

图2-3-11

在97份回答此问题的问卷中，37份五项全都选了，说明人们对城市照明规划与设计对于城市发展意义的认识逐渐深化，包括城市照明对带动城市旅游的作用。

小结

由统计数据可知：对照建设部要求2008年前完成城市照明专项规划编制，有47%的城市完成，各地政府对于城市的商业中心的灯光建设均比较重视，超过一半的城市（52%）对重点街区与地段进行了详细规划。规划和设计的环节比较规范，60%以上的城市通过招投标的形式来落实规划编制工作，51%重要照明工程的设计单位经过了资格审定。

3.2 城市照明控制与管理方面

（1）城市是否具有专管城市照明建设的相关部门

如果有，主管部门的名称？主要工作职责？

A. 市建设局、市政公用局、城市管理局。

B. 城市照明管理处、市路灯管理处(所)、灯饰管理处、亮化办、景观照明管理处。

C. 供电部门。

对于主要职责基本都是：照明设施的新建、改建、维护管理，规划督促及照明工程项目方案的编制。

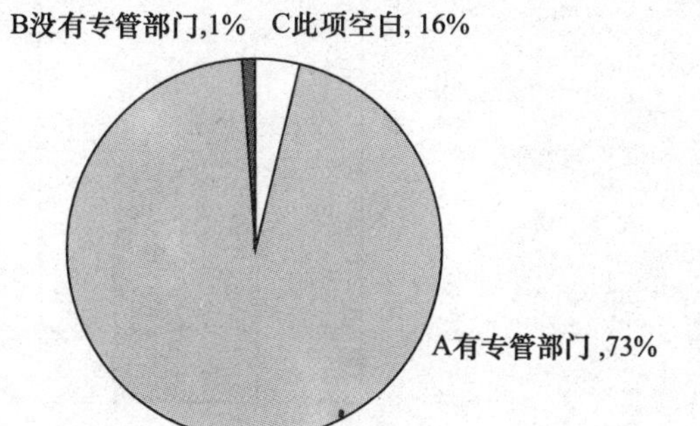

图2－3－12

实例：代表政府履行相应专业管理，规划设计管理、运行管理、维护监管及协调市场监管职能。部分主管部门还承担工程建设职责（即将单独列出，管干分离）。

（2）此主管部门的管辖范围

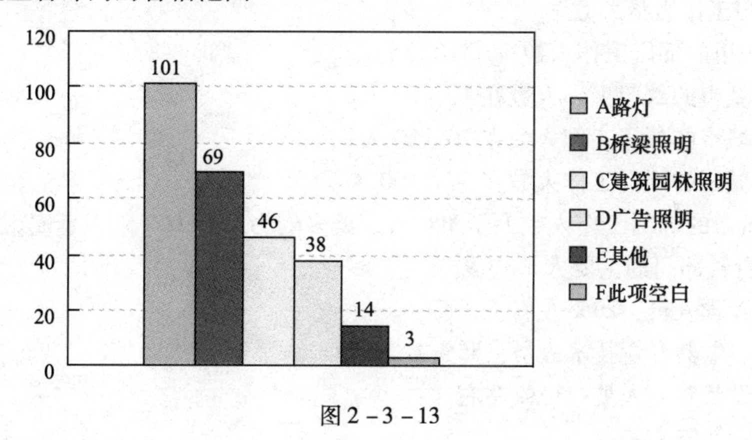

图2－3－13

（3）此主管部门的管辖深度

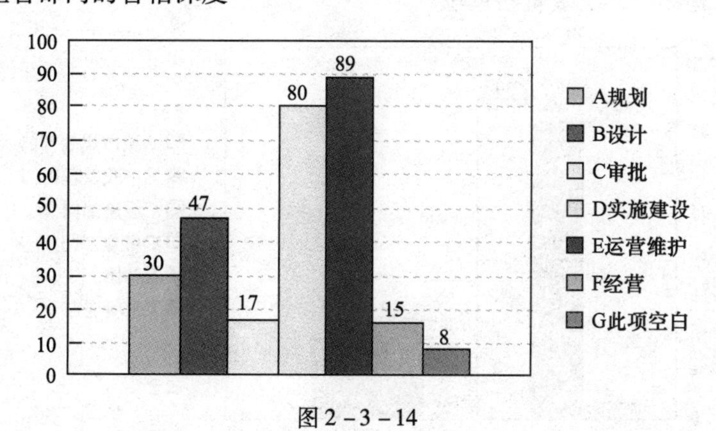

图2－3－14

(4) 此专管部门的领导

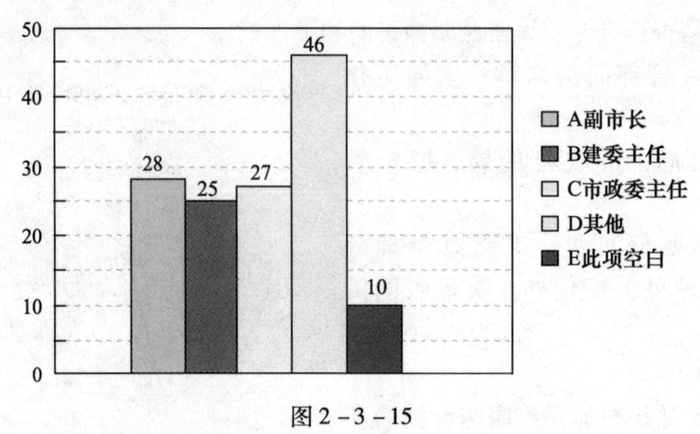

图 2-3-15

以下是选择 D 项其他的具体回答：

路灯管理处领导 11 人；建设局领导 5 人；市政养护管理处主任 2 人；市政工程经理 2 人；供电公司；电力公司（供电公司）8 人；城市管理局局长 3 人；市建设规划局局长 2 人；市政园林局副局长 1 人。

(5) 部门工作人员总数

有 7 个城市的部门工作人数少于 10 人；

有 15 个城市的部门工作人数在 10～20 人；

有 36 个城市的部门工作人数在 20～50 人；

有 19 个城市的部门工作人数在 50～100 人；

有 7 个城市的部门工作人数大于 100 人，最多的为 232 人（陕西延安市）。

(6) 此专管部门的主要人员构成

A. 行政管理人员：20% 左右。

B. 电力、电器专业技术人员：55% 左右。

C. 规划设计专业人员：15% 左右。

D. 其他：25% 左右。

(7) 此专管部门的上级管辖单位

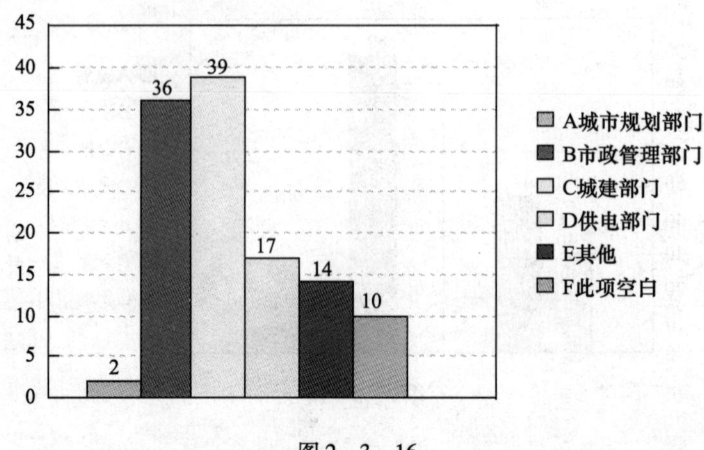

图 2-3-16

在97份回答此题的问卷中，有12份同时选择了2个选项，说明有2个上级管辖单位。

（8）城市是否出台了城市照明建设和管理相关法规、条例、规范、标准及相关法规政策

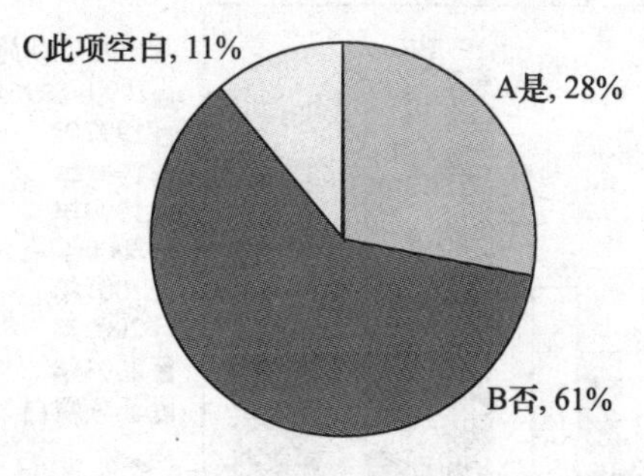

图2-3-17

（9）城市的城市照明规划设计是否有年度计划

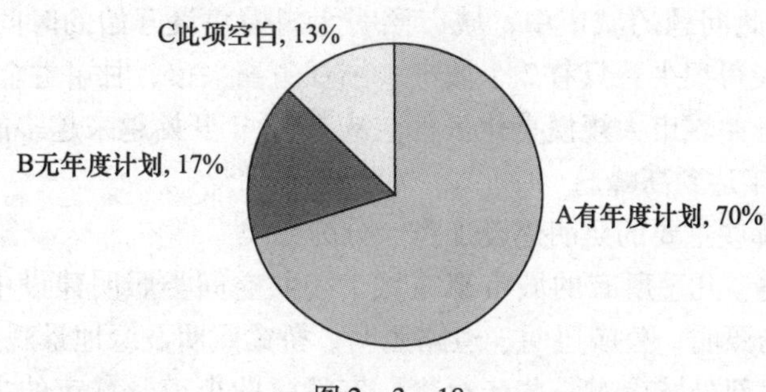

图2-3-18

（10）如果有，年度计划是通过哪些部门制定与下达

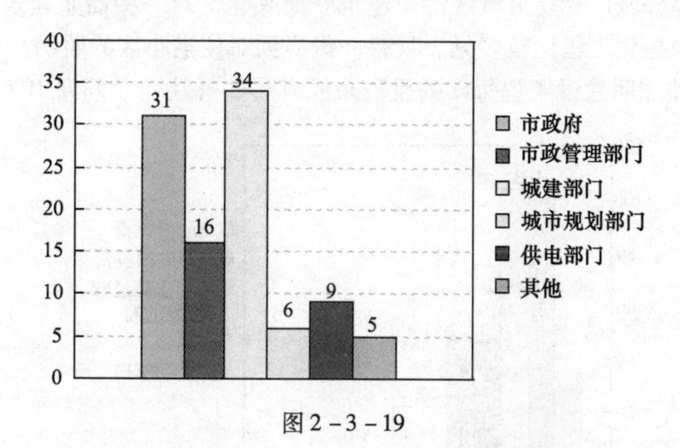

图2-3-19

小结

由统计数据可知：绝大部分城市（95%）有专管城市照明建设的相关部门，主要管辖范围为路灯、桥梁照明、建筑园林照明和广告照明，管辖深度主要是实施建设和运营维护，其次为规划和设计，而只有少部分（28%）城市出台了与城市照明相关的法律法规和标准规范，但大部分的城市（70%）都有年度计划。

3.3 城市照明建设成效方面

（1）城市照明大规模建设开始的时间

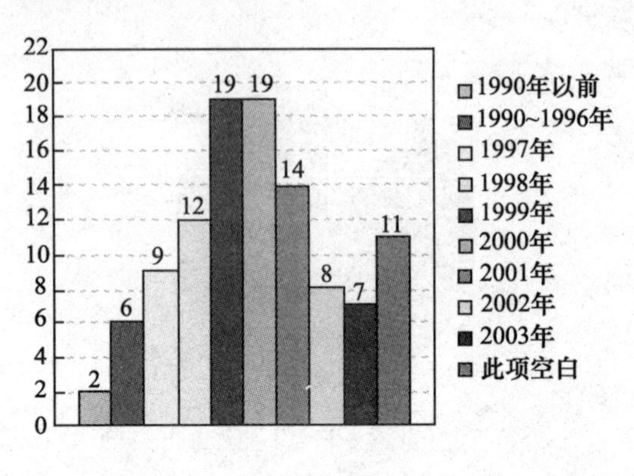

图 2－3－20

在 96 个回答了此问题的城市中，城市照明大规模建设开始的时间最早的为 1984 年，90 年代以前开展得很少，只有 2 个城市（浙江省嘉兴市，甘肃省金昌市），1994－1996 年陆续有城市开始城市大规模亮化工程，从 1997 年开始越来越多的城市开始了大规模建设，到 2000 年达到高峰。

（2）城市做了哪些主要的照明建设工作、分为几类

城市公共空间类：几乎所有的城市都在城市公共空间类照明建设中作了大量的实践。集中在城市广场照明、公园照明、道路照明、桥梁照明及绿地景观照明等方面。

公共交通类：大部分城市对一些步行街、有特色的街道及城市的主次干道做了具体的道路照明建设。

建筑类：大部分城市都是对城区沿街建筑立面亮化，对一些商业建筑和文化建筑，还有地标性建筑的亮化工程比较多见。只有一份提到对住宅小区的照明。

（3）城市这些照明建设工程每年的投资来源有哪些（注：总问卷 107 份）

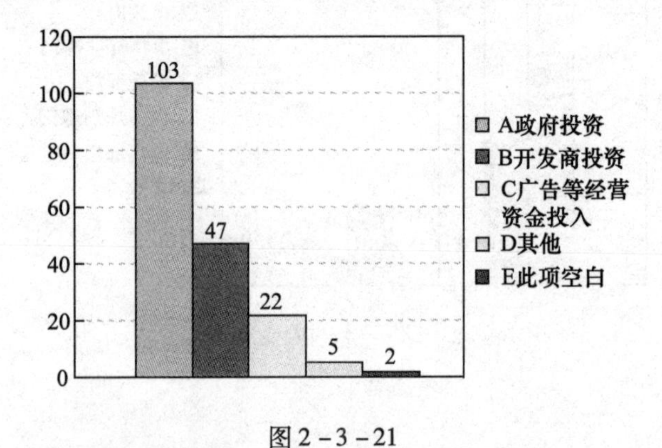

图 2－3－21

（4）请问，这些照明建设工程每年的耗电量，具体分类

A. 城市公共空间类耗电量。

B. 公共交通类耗电量。

C. 建筑类耗电量。

（5）请问，这些照明建设工程的电费单价

A. 城市公共空间类：从 0. 26 元到 0. 81 元不等。其中：

0. 26 ~0. 50 元的 11 个城市；

0. 5 ~0. 6 元的 29 个城市；

0. 6 ~0. 7 元的 13 个城市；

大于 0. 7 元的 12 个城市。

B. 公共交通类：从 0. 461 ~0. 81 元不等，其中：

小于 0. 50 元的 4 个城市；

0. 5 ~0. 6 元的 24 个城市；

0. 6 ~0. 7 元的 9 个城市；

大于 0. 7 元的 10 个城市。

C. 建筑类：从 0. 461 ~0. 81 元不等，其中：

小于 0. 50 元的 5 个城市；

0. 5 ~0. 6 元的 8 个城市；

0. 6 ~0. 7 元的 7 个城市；

大于 0. 7 元的 7 个城市。

（6）城市对于建筑沿街立面的外部环境照明电费是如何收取的

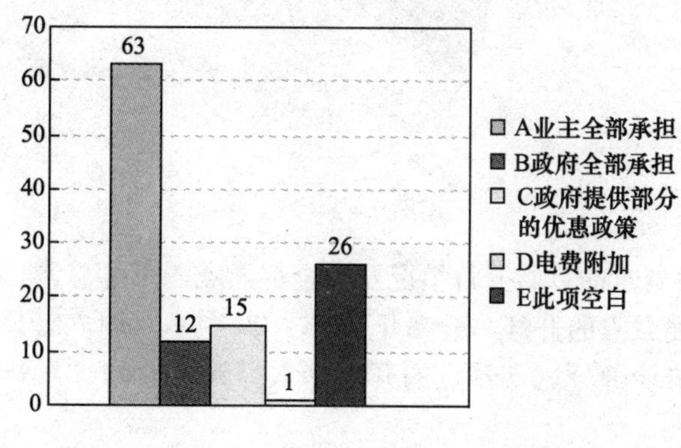

图 2 –3 –22

（7）城市的照明建设属于

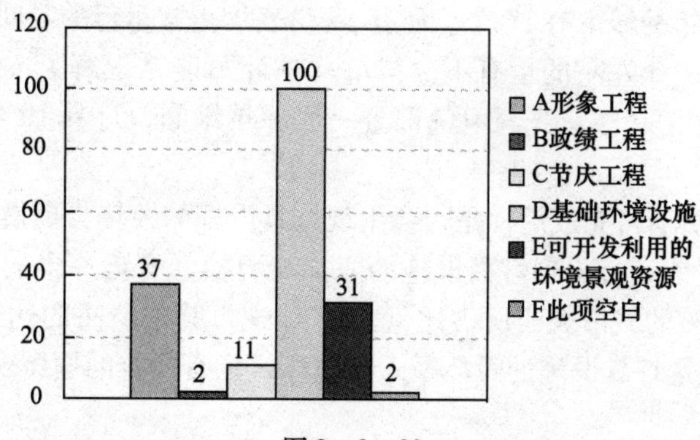

图 2 –3 –23

（8）城市的照明建设方式属于以下哪种

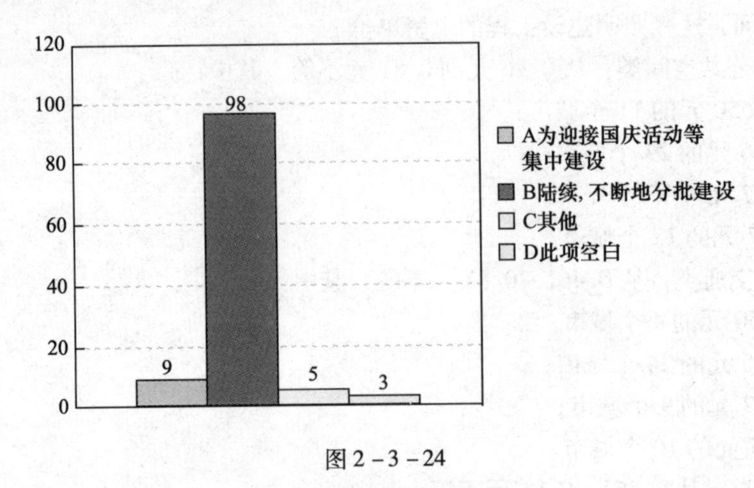

图 2-3-24

（9）城市的照明是否做平时/节日的使用状态分离设置

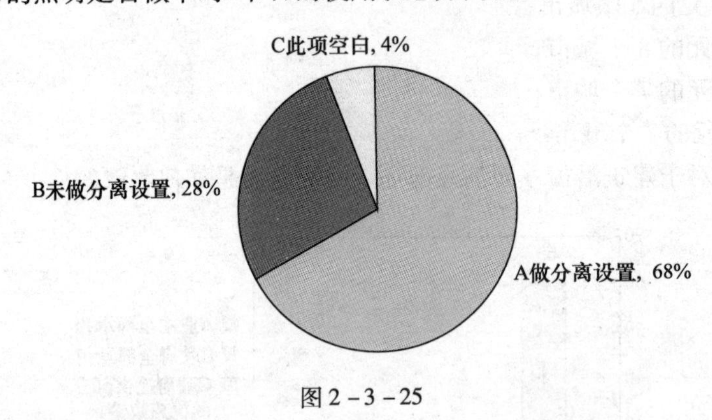

图 2-3-25

（10）城市主要景点的日常开灯情况及占全部景点的用电总量

大部分城市主要景点的开灯一般都开到 23：00 左右，周六、日及五一、十一、春节等节日延长；也有少部分城市景点的开灯基本为经常性的日常开放；日常开灯占全部景点用电量的 50%。

（11）城市照明项目完成后，一般正常运行多长时间？

有 4 个城市表明是长期，就是一直运行。回答在 10 年以上的占到了 1/3，有 18 个城市；回答 5～10 年的城市有 12 个。还有 15 份表示正常运行的时间少于 5 年。最短的是 3 个月，表明在 1 年左右的也有不少城市（估计可能是误解了本题，理解为光源电器部分的正常运行）。（注：光源电气部分一般一年维修，灯具 10 年、钢杆与电缆 20 年列大中修计划。）

（12）城市照明项目完成后，是否会出现灯具设施的毁坏与更换，所占比例

约 85% 的问卷表明会出现灯具设施的毁坏与更换，有近一半的人表明所占比例在 5% 左右，有约 15% 的城市表明所占比例大于 10%，其中最高的达到 60%。且本题为数不少的问卷反映是灯具设施的毁坏是人为破坏，且有严重的偷盗现象。

（13）针对照明设施毁坏情况，是否有专门负责区域照明管理的人员

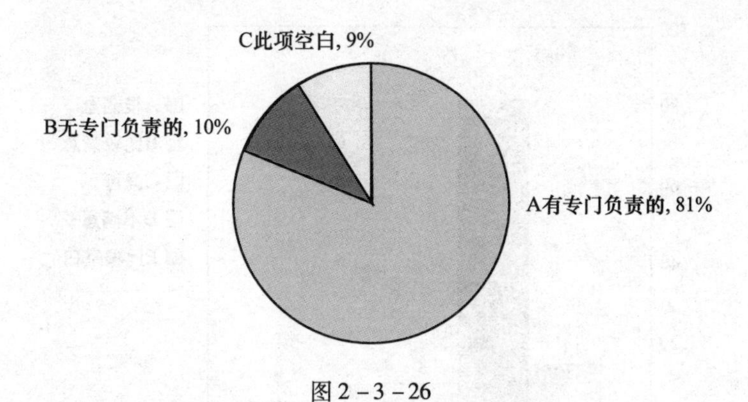

图2－3－26

（14）总体而言，城市建成的照明工作有何显著成效

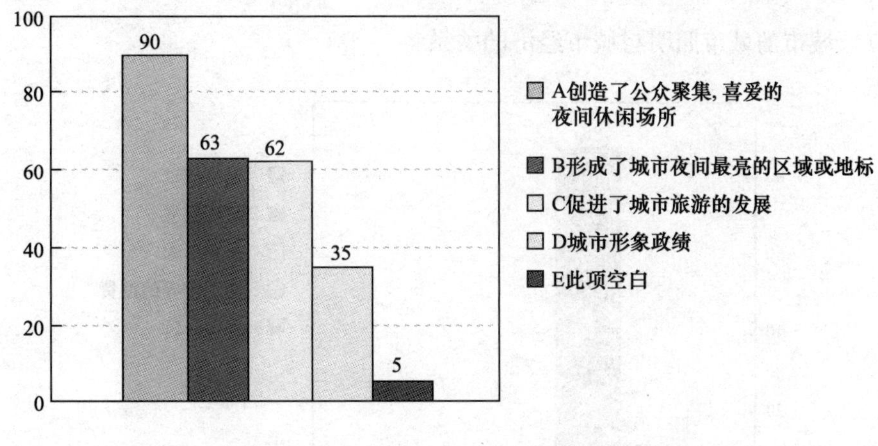

图2－3－27

（15）城市领导对本市城市照明的满意程度

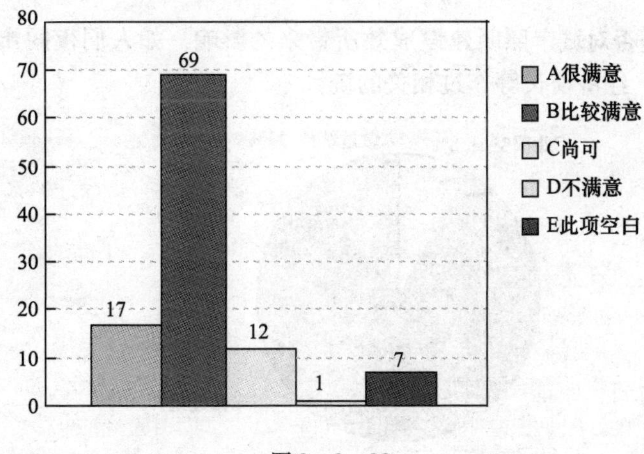

图2－3－28

（16）市民对本市照明的满意程度

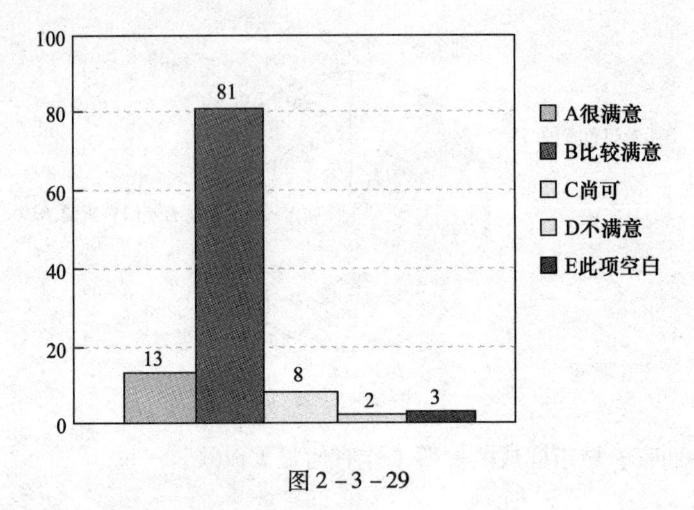

图 2－3－29

（17）城市的城市照明与城市经济的关系

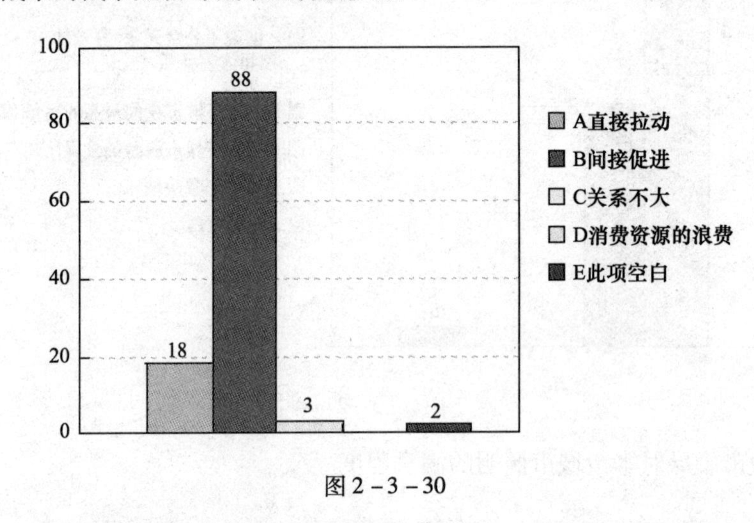

图 2－3－30

（18）城市是否对城市照明建设成效所带来的影响，如人们夜间出行活动的变化、文化生活的改变、经济增长等作过相关的统计

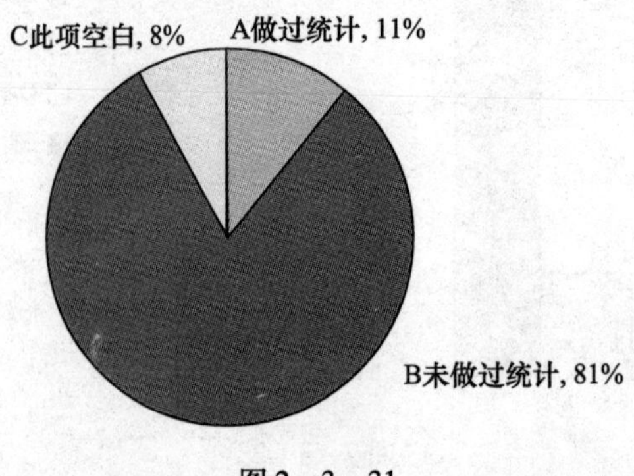

图 2－3－31

（19）统计文档名称

只有1份问卷回答了此问题，统计文档名称是《关于城市照明可以促进夜间市场和购买力的调查报告》。

小结

由统计数据可知：城市照明大规模建设的开始时间主要在2000年前后，投资主要来源为政府投资，其次为开发商的投资，这与城市照明建设主要项目为基础环境设施，其次为形象工程相一致。超过半数城市（68%）的城市照明能做到城市照明平时和节日的使用状态分离设置。

3.4 城市照明工程建设与施工方面

（1）城市重要照明工程项目的建设、施工及设备选择等是否经过公开招标

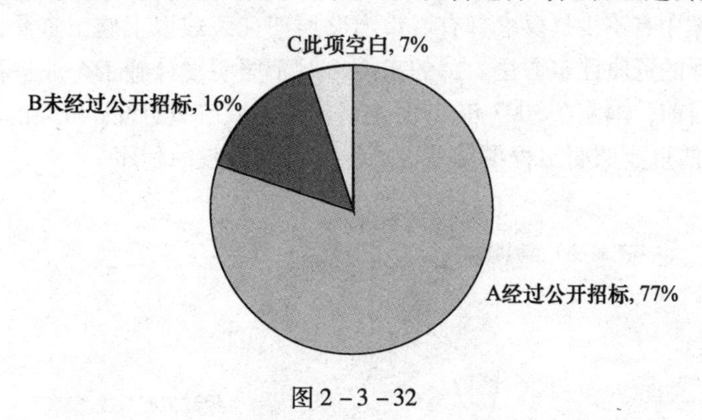

图2-3-32

（2）如果是，请问公开招标的办法

主要是在网上或者报刊上面刊登邀标信息，然后在政府主管部门的参与下举行公开的招投标。

（3）如果是，招标后的评标办法

由专家组成评审小组，从综合实力、价格等方面进行评判，各方面优秀者中标。

（4）如果不是，一般委托的建设承包单位

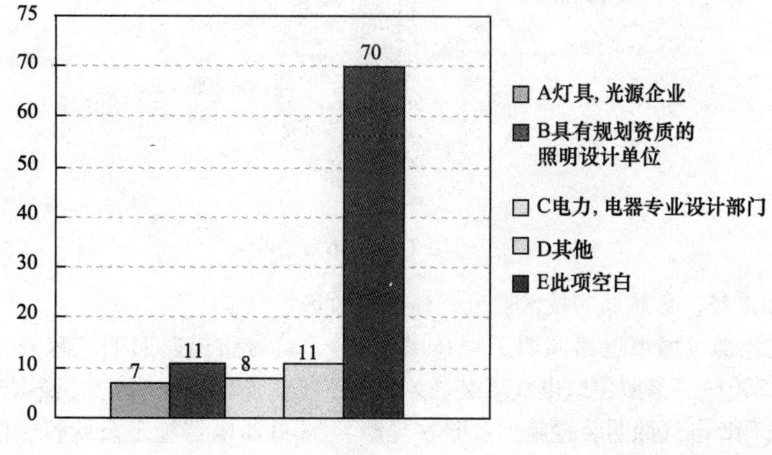

图2-3-33

（5）城市的重要照明工程对照明施工企业是否有资质要求

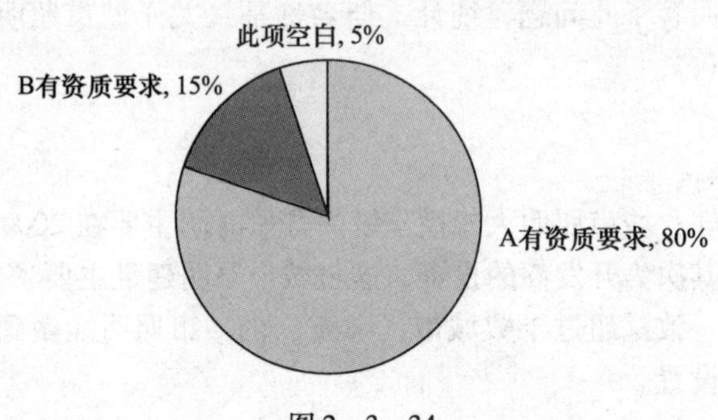

图 2－3－34

（6）如果是，对照明设计施工企业进行资质评定的办法

给出的答案中有不少是要求具有城市道路照明三级或以上施工资质，部分是采用建设部和省建设厅的资质评定方法。总的来说，对于照明设计施工企业进行资质评定的办法不够统一。目前，国家在 2007 年 12 月前后出台了城市照明设计资质的相关规定。

（7）城市的重要照明工程项目是否要经过工程验收的程序

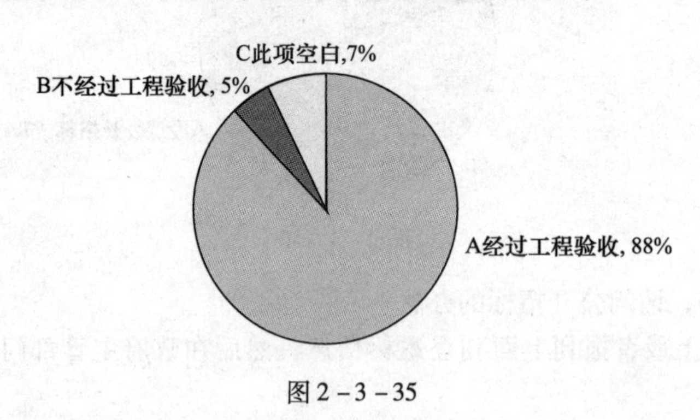

图 2－3－35

（8）城市的重要照明工程项目施工中是否要参照照明专业的技术规范和标准

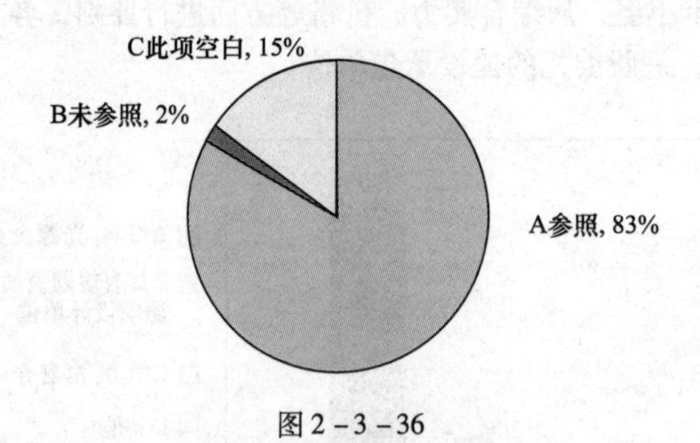

图 2－3－36

（9）如果是，参照那些技术规范，标准和政策

参照建设部《城市道路照明工程技术规程》、《城市道路照明工程施工及验收规范》（JJ89. 2001）、参照建筑电气安装技术工程、《室外环境照明》、《城市道路照明设计标准》、《CIE 电气照明装置施工及验收规范》、《低压电器施工及验收规范》以及各

省市自行制定的城市道路照明技术规范及城市道路照明安全工作规程。

（10）城市照明工作中所遇到的最大问题是什么

①节能是发展过程中的重要问题，需要全社会及领导的重视

②设备被盗现象严重

③缺少整体规划

④年度计划在投资上难以落实

⑤各部门协调问题

⑥城市一体化过程中功能照明在城郊、乡镇的缺失

具体实例：

a. 公益性事业单位面临改革改制，建养分离，新建工程走向市场，维护市场还不成熟，以前建养没有分离，以建弥补维护费用的不足，改制后新建变成纯企业，只要求政府将维护费用根据有关专业定额拨足，按时到位。（泰州）

b. 统筹城市公共照明市场化，投资多元化改革与专业管理规范市场的关系，政策配套，法律保障，城市公共设施偷盗问题。

（11）城市在城市照明工作中最想得到的支持是什么

①绿色照明的相关政策、实施细则、激励措施

②领导的重视和支持

③相关渠道畅通，资金问题是反映较多的、相关政策及资金落实

④尽快出台《城市照明总体规划》，从政策上和资金上给予适当倾斜和支持

小结

由统计数据可知：大多数（77%）城市的重要照明工程项目的建设施工、设备选择是经过公开招标，80% 以上对施工企业有资质要求，83% 的项目施工中要求参照照明专业的技术规范和标准。在城市照明建设中遇到的主要问题是节能的重视和激励机制、设施偷盗问题、规划缺位问题和资金问题。

3.5　城市照明与能源的有效利用方面

虽然大部分城市都考虑过能源的有效利用，但只有 11% 的城市制定了针对城市照明节能方面的条例。城市照明耗能的重点在道路照明上，说明大部分城市还停留在功能性照明，这也受当地经济整体水平的影响和制约。

（1）城市的照明规划和具体的照明工程中考虑过能源的有效利用吗

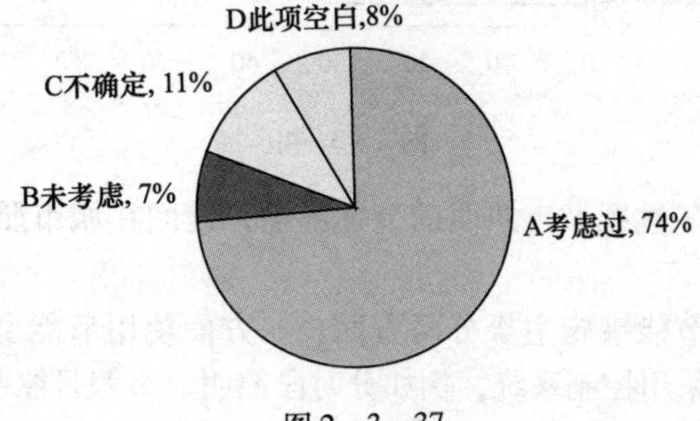

图 2－3－37

（2）城市是否制定针对城市照明节能方面的条例

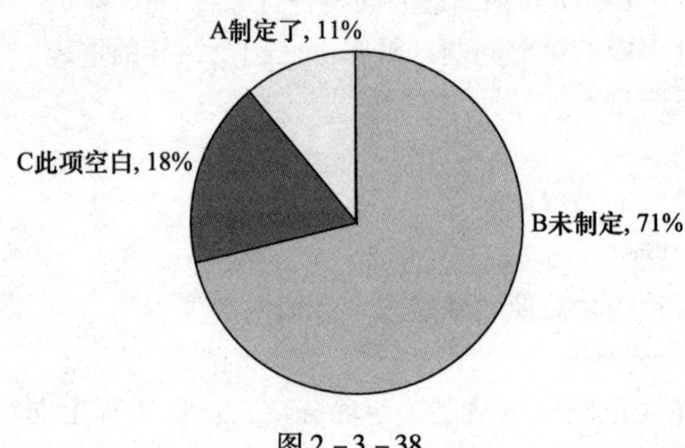

图2－3－38

（3）您认为：节能与城市照明建设是矛盾的吗

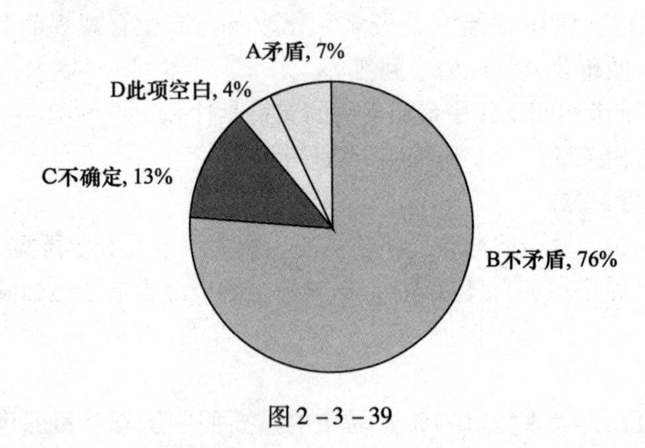

图2－3－39

（4）您认为：城市照明节能工作的关键在于

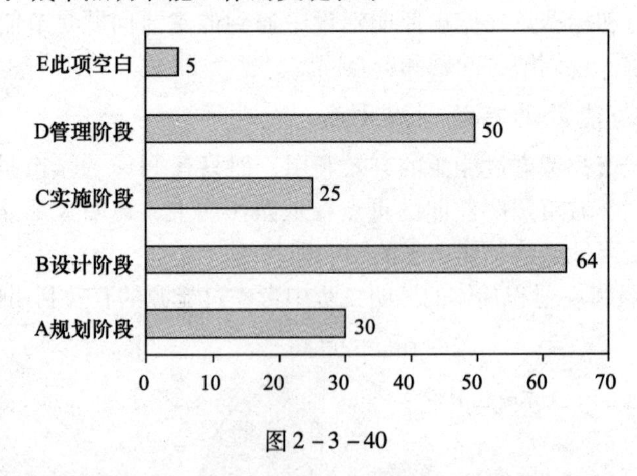

图2－3－40

（5）如果城市比较重视城市照明的节能问题，请问在城市照明工程的建设过程中采取过哪些节能措施

各地区对采用的节能措施主要分两方面：一方面使用节能型设备，包括光源、镇流器等；另一方面是采用控制系统，例如分时段照明、节假日照明等。

（6）您所了解的有关城市照明光源有效利用方面的技术性标准（包括国内和国外

的）有哪些

1996年部《中华人民共和国建设部市政公用事业节能技术政策》、《道路照明灯具光度测试》、《工业企业照明设计标准》、《电光源的安全要求》、《放电灯用镇流器性能要求》、《城市道路照明设计标准》、建设部2004年建城〔2004〕97号关于实施《节约能源——城市绿色照明示范工程》的通知、2004年建成〔2004〕204号《关于加强城市照明管理促进节约用电工作的意见》、2005年建城函〔2005〕234号《关于进一步加强城市照明节电工作的通知》、2006年建办城〔2006〕48号关于印发《“十一五”城市绿色照明工程规划纲要》的通知等。

（7）目前，城市照明耗能的重点在

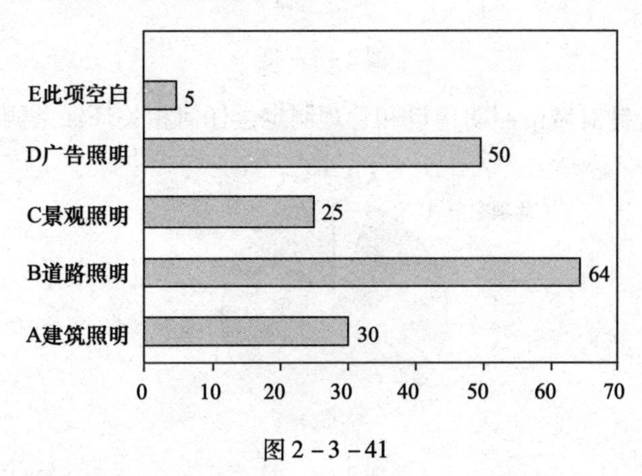

图2－3－41

说明大部分城市还停留在功能性照明，这也受当地经济整体水平的影响和制约。

（8）您认为城市对城市照明的节能

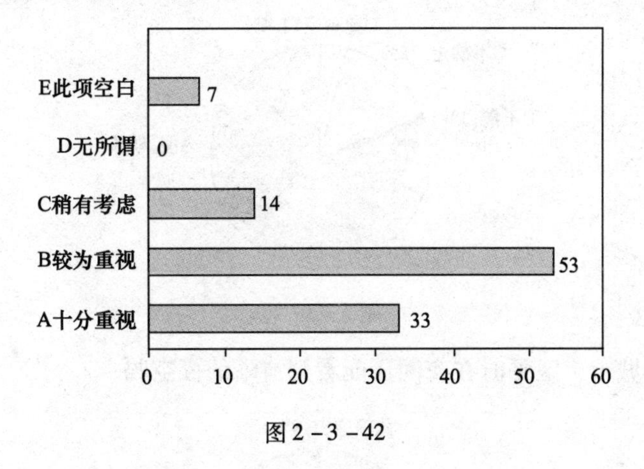

图2－3－42

小结

由统计数据可知：大部分的城市（74%）在照明工程中考虑了能源的有效利用，但只有11%的城市制定了相关的条例。城市照明的主要能耗依次为道路照明、广告照明、建筑外立面照明和公共场所景观照明。目前主要的节能措施为采用节能型设备和通过控制系统合理开关灯。

3.6 城市照明与环境保护方面

（1）您认为城市照明涉及环境保护问题吗

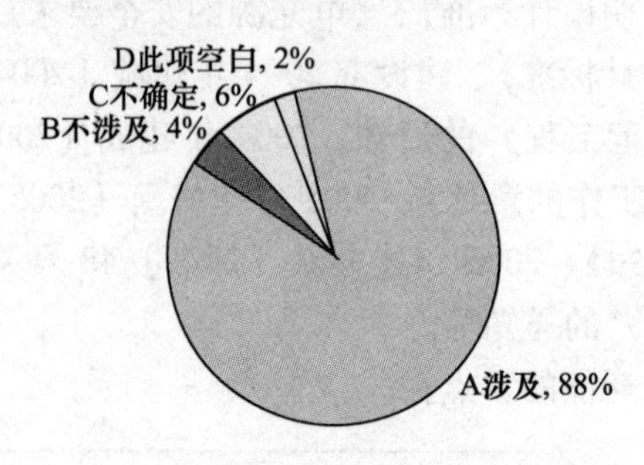

图 2－3－43

（2）城市是否针对城市照明建设和管理制定过任何相关环保条例

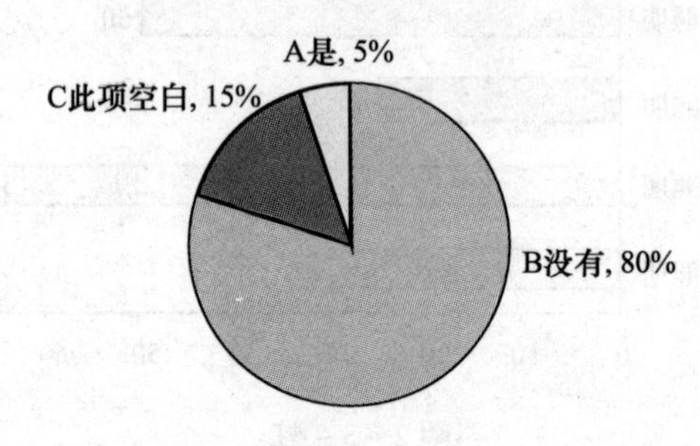

图 2－3－44

（3）您认为人工光源的设置不当对人和其他生物能够造成生理上的影响吗

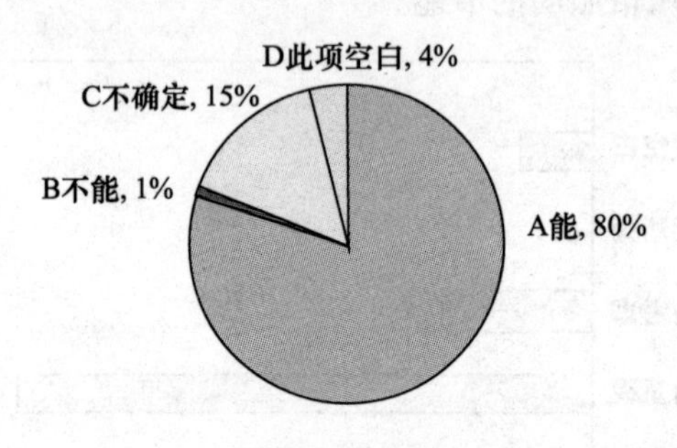

图 2－3－45

（4）您认为城市市区平时在夜间还能看到清晰的夜空吗

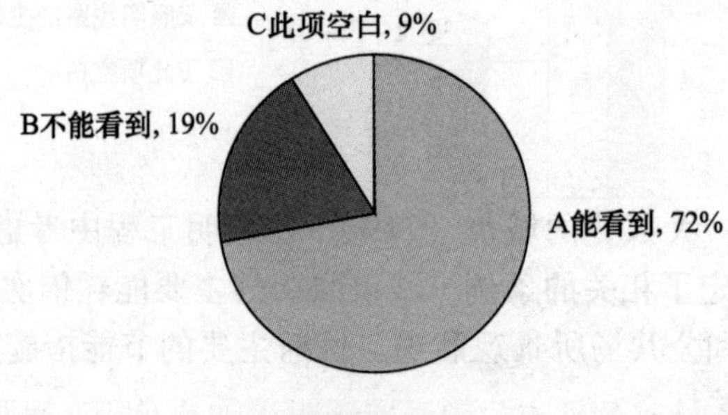

图 2－3－46

（5）您了解光污染得确切含义吗

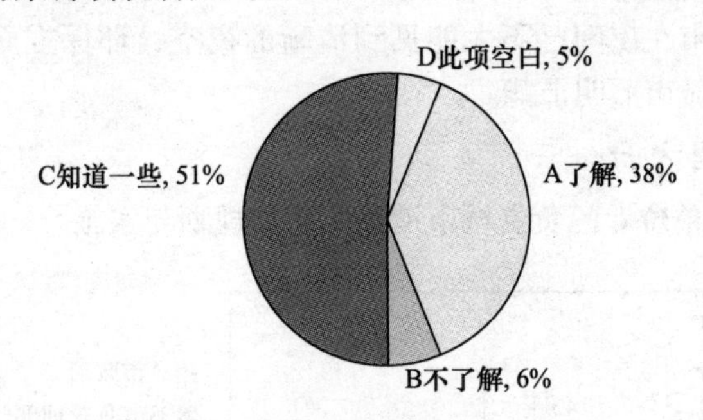

图2－3－47

（6）城市存在下列哪些城市照明中的环保问题

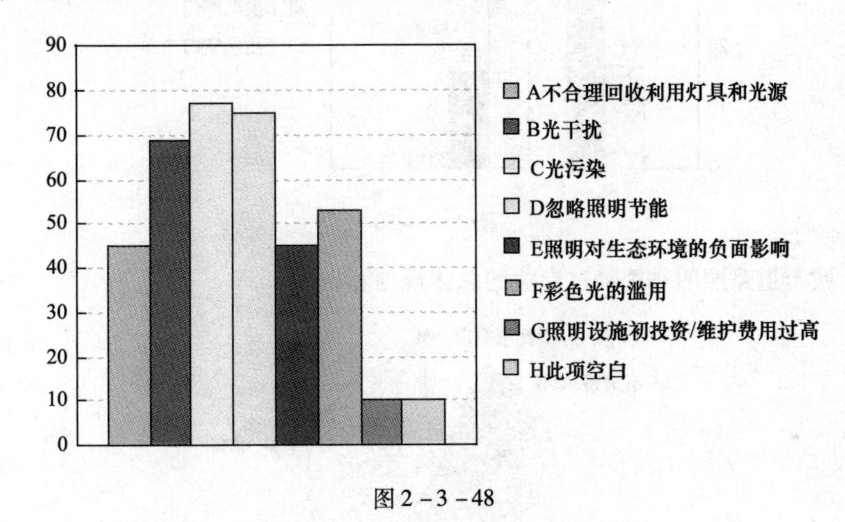

图2－3－48

（7）城市存在下列哪些城市照明中的光污染问题

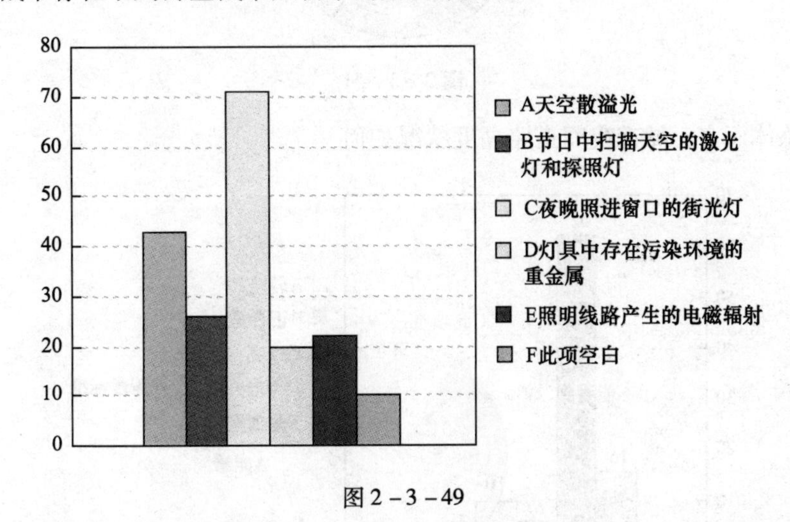

图2－3－49

小结

由统计数据可知：88%的城市认为城市照明设计涉及环保问题，但只有5%的城市制定过相关的条例。80%的城市认为人工光源设置不当，会对人和其他生物造成生理上的影响，72%的城市在夜间已不太能见到清晰的夜空，环保方面的问题主要在于光干扰、光污染和忽略城市照明节能。

3.7 城市道路照明方面

（1）城市有哪些单位专门负责城市道路照明的规划与实施

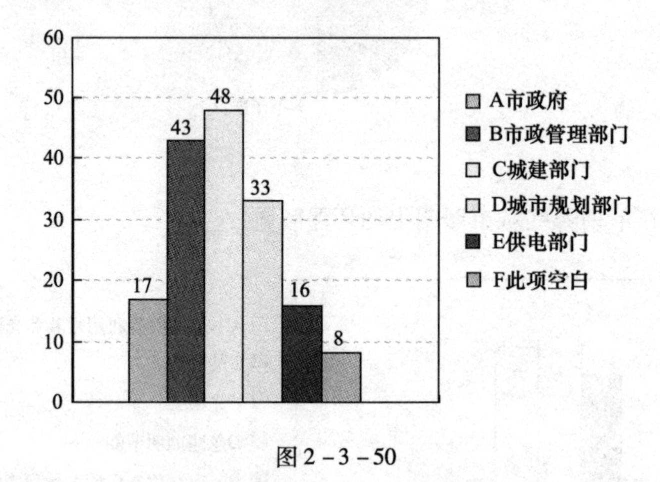

图2－3－50

（2）城市道路照明是否经过专业的总体规划和设计

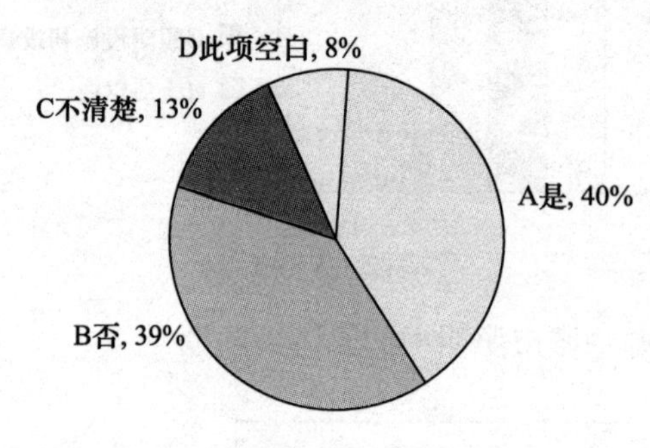

图2－3－51

（3）总体而言，城市夜间道路亮度状况如何

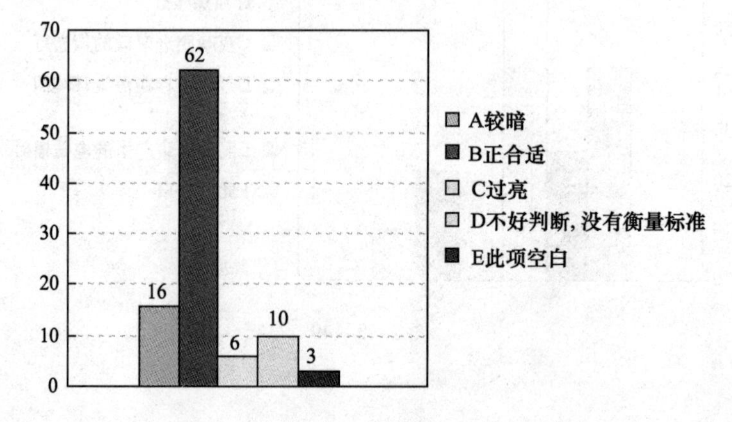

图2－3－52

（4）城市道路亮度水平应该怎样得到进一步改善

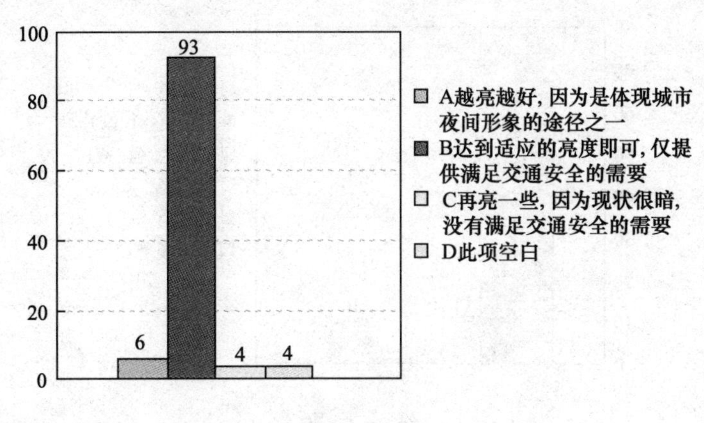

图 2－3－53

（5）目前城市道路功能照明的光色主要是何种颜色

绝大多数的城市表明是暖黄色，占到了 90% 多，少数是白色和暖黄并存。

（6）您所希望的道路照明的光色是何种颜色

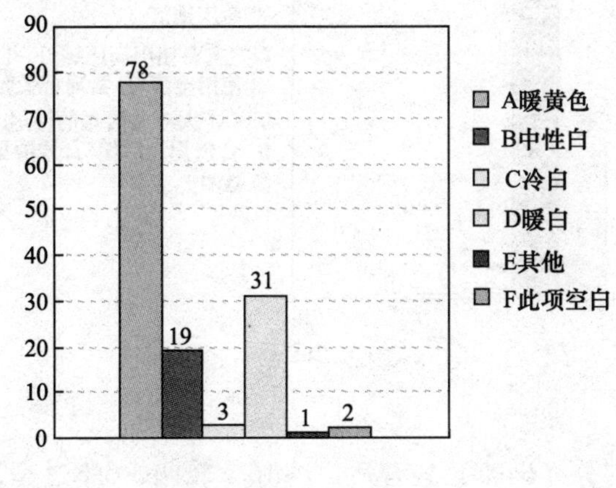

图 2－3－54

（7）目前城市道路的光色情况如何

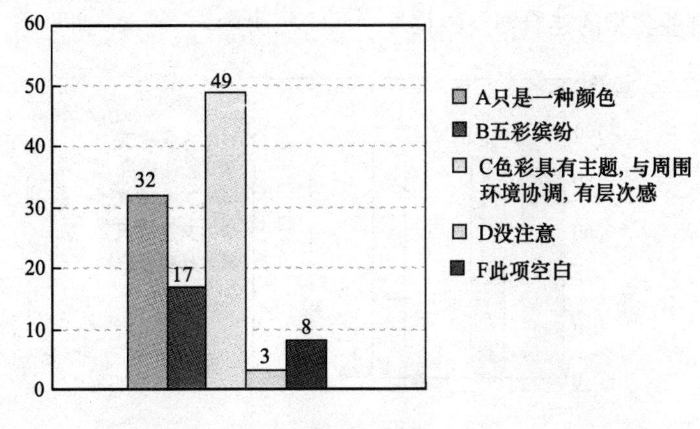

图 2－3－55

（8）城市道路两侧行道树和附属绿化在进行装饰性照明时多采用何种颜色

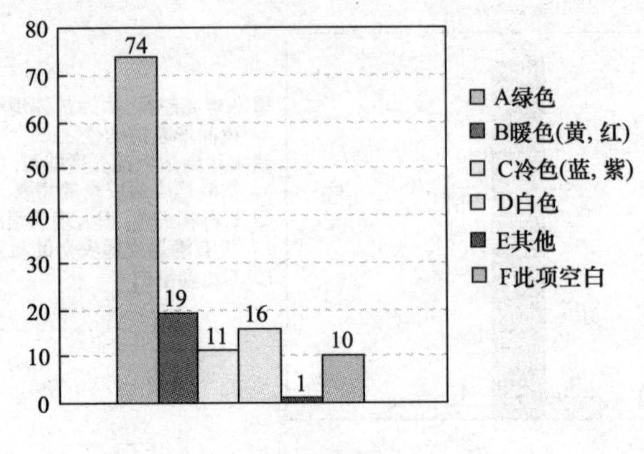

图 2－3－56

（9）城市路灯的光源类型多选择哪些

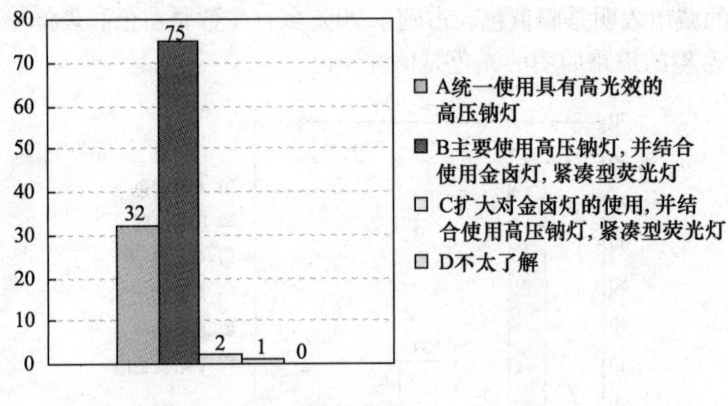

图 2－3－57

小结

各地道路亮度大部分（64%）较合适，约16%较暗，6%过亮，这些数据统计与各地实际情况相符合。

3.8 城市建筑照明方面

（1）城市哪些类型的建筑需要强化外立面的照明

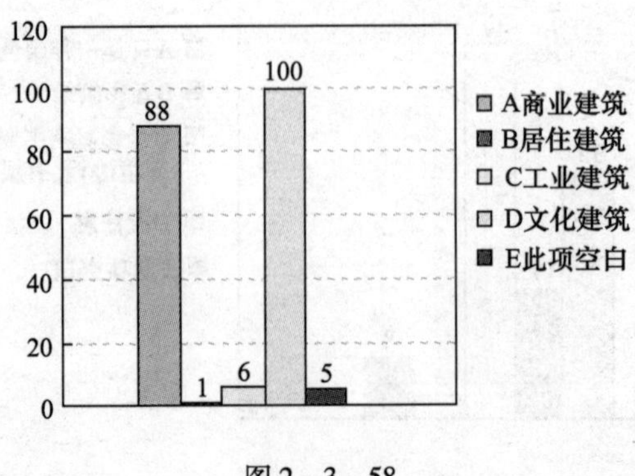

图 2－3－58

在 102 份回答了此题的问卷中，其中 73 份选了 A、D 两项。

（2）城市建筑外立面照明主要采用什么方式

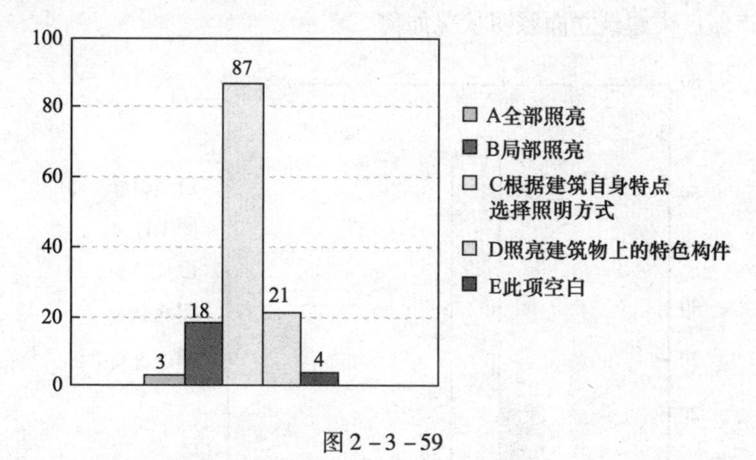

图 2－3－59

（3）城市建筑立面照明多采用哪些光色

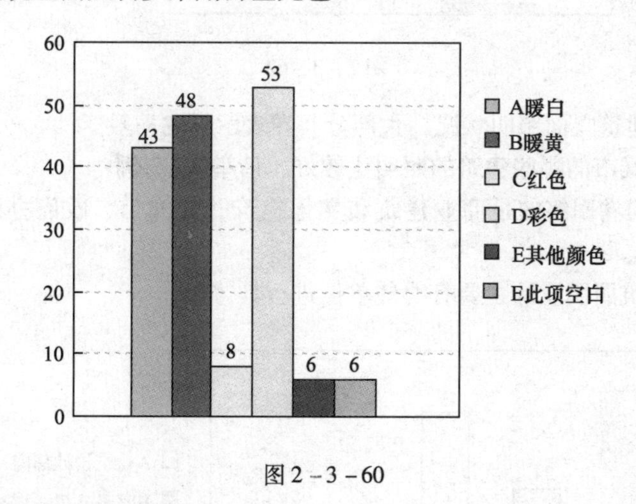

图 2－3－60

（4）城市建筑照明常用手法

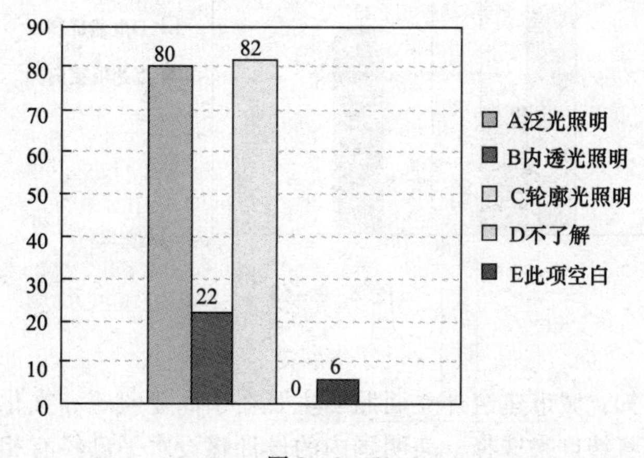

图 2－3－61

从调查问卷中，可以看出大部分城市的建筑照明手法比较单一，多是泛光照明和轮廓光照明，而采用内透光的比较少。

（5）城市城区内建筑立面照明状况如何

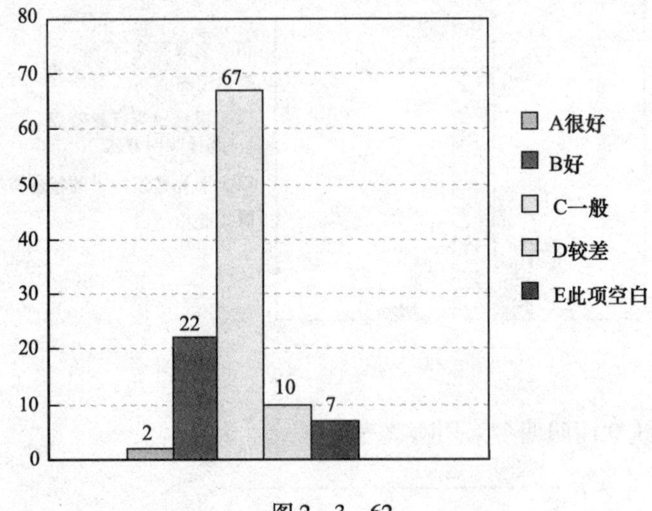

图 2 - 3 - 62

对于城区内建筑立面照明状况，大部分问卷表示感觉一般。

（6）您觉得城市的哪些建筑的照明比较好，请举 3 ~ 5 例

90% 以上的问卷回答的是商业建筑和文化建筑（如宾馆、政府办公楼之类、经济实力雄厚的单位）。

（7）城市建筑照明设计主要有哪些单位进行具体操作

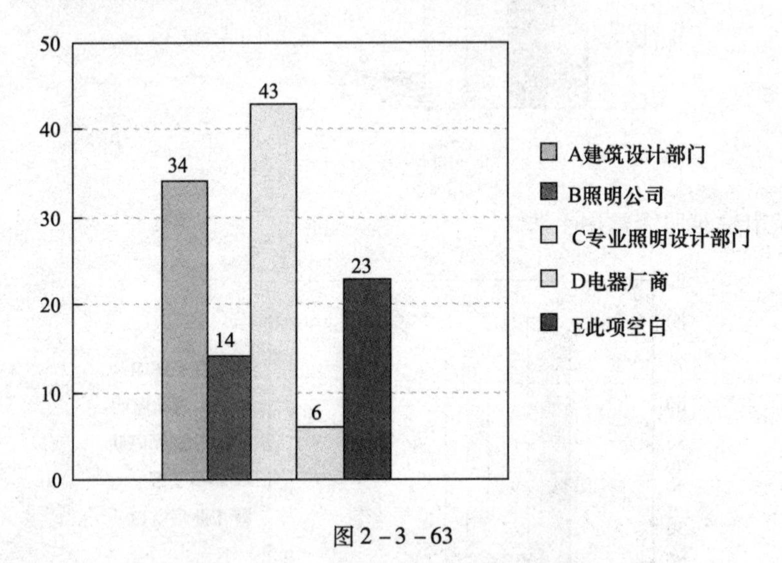

图 2 - 3 - 63

小结

由统计数据可知：城市建筑外立面照明主要在于商业建筑和文化建筑，照明方式则主要根据建筑自身特点来选择，表明国内的设计建设水平已经有相当水准，手法比较多见的是泛光、轮廓灯和内透光。

3.9 城市公共空间照明方面

（1）城市以下哪些公共空间已经经过专门的照明功能设计

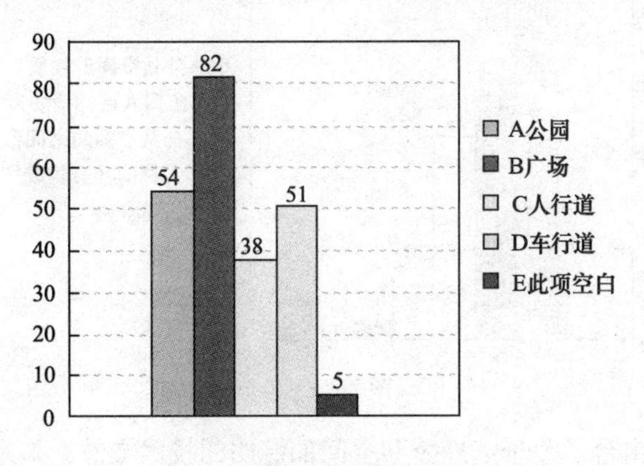

图2-3-64

（2）城市公共空间照明的亮度标准以哪一点为基本标准

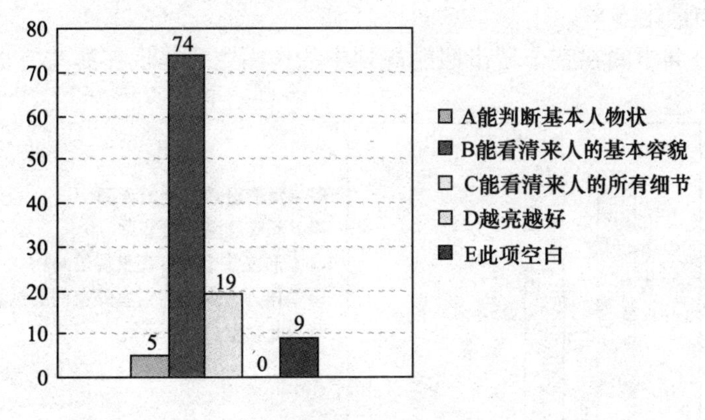

图2-3-65

（3）您认为以下哪些是影响公共空间照明质量的主要因素

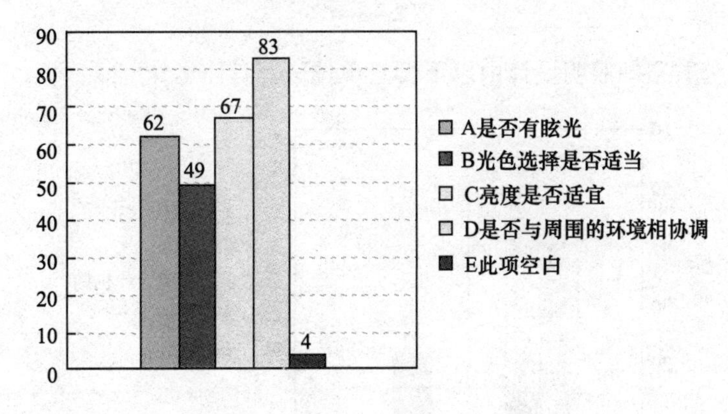

图2-3-66

（4）您认为公共空间的照明设计需要考虑以下哪些因素

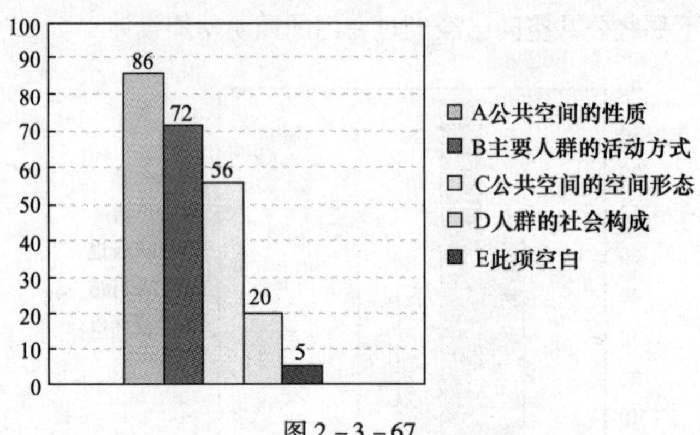

图 2－3－67

（5）城市是否出台了关于室外公共空间的照明的技术文件？如果有，请举例

夜景灯饰管理办法；

统一采用《城市道路照明设计标准》；

城市建筑物量化方案。

（6）城市公共空间在整个城市照明规划中的作用主要体现在哪些方面

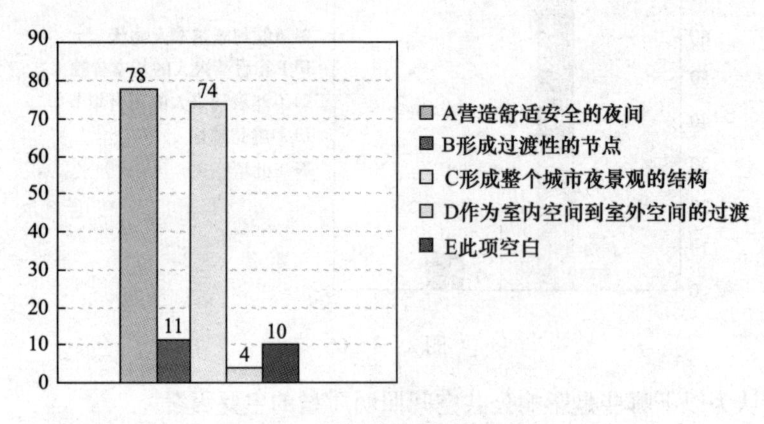

图 2－3－68

（7）城市公共空间照明设计由以下哪些单位进行具体运作

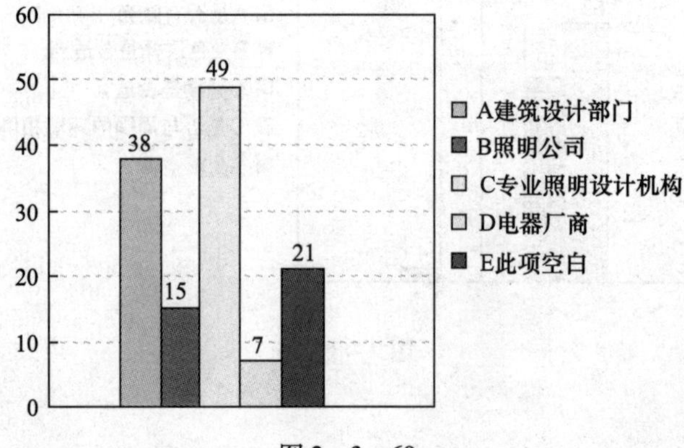

图 2－3－69

（8）城市公共空间的照明控制与管理由以下哪些单位具体负责

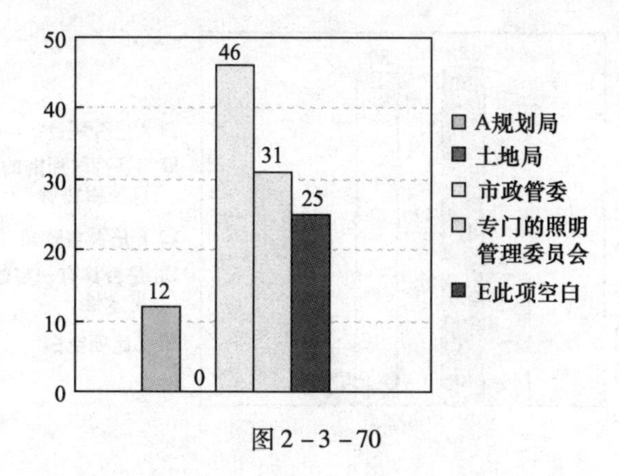

图2－3－70

小结

由统计数据可知：各城市对于公园、广场、人车行道都经过了照明功能设计，照明设计以公共空间的性质和主要人群的活动方式作为主要考虑因素，其照明作用主要体现在营造舒适安全的夜空间和形成整个城市夜景观的结构。

3.10　城市广告照明方面

（1）城市广告标示照明包括以下哪些方面

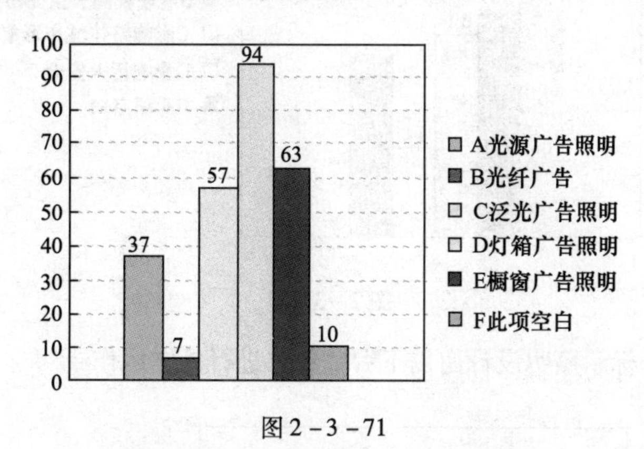

图2－3－71

（2）城市的广告标示照明规划对于城市夜景观有以下哪些方面的作用

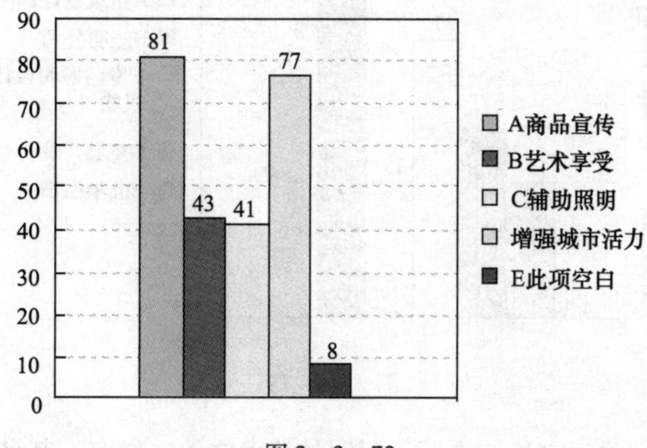

图2－3－72

（3）您认为良好的广告标示照明应该注意以下哪几方面

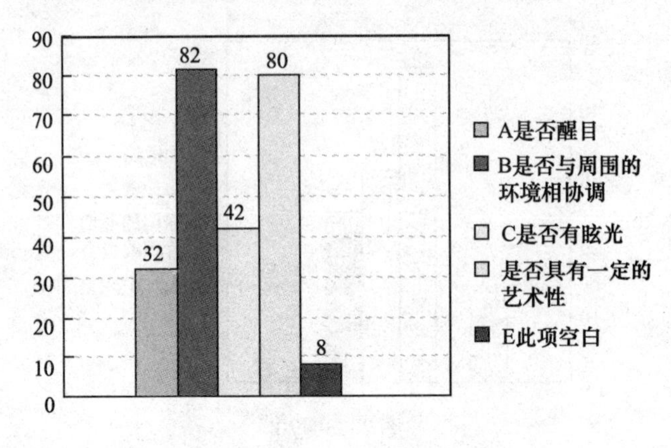

图 2－3－73

（4）城市广告标示照明是否存在以下负面影响

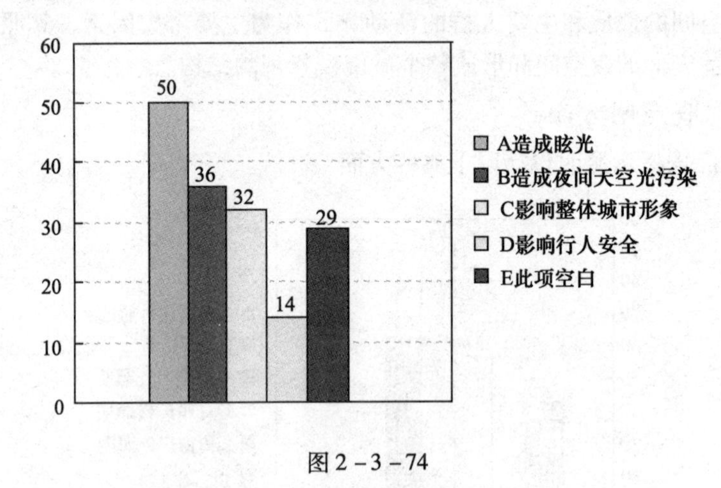

图 2－3－74

（5）城市广告标示照明设计由以下哪些单位进行具体运作

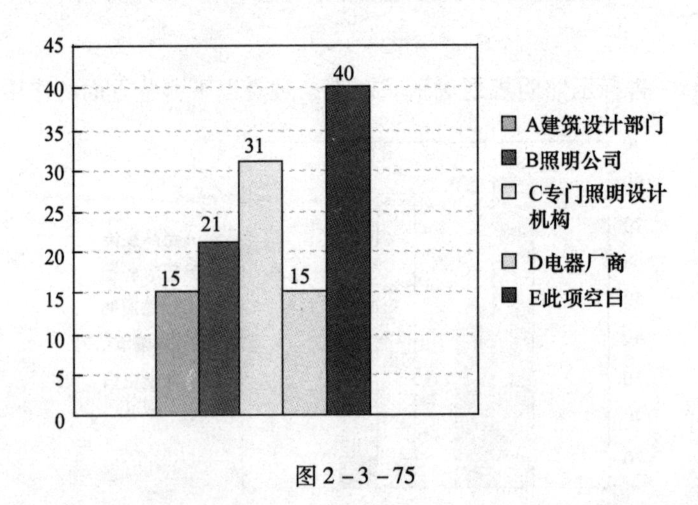

图 2－3－75

（6）城市是否有关于室外广告标示照明的技术文件？如有，其名称为

《城市道路照明设计标准》；

《资阳市主城区广告设置及景观大道夜景控制性详细规划》。

（7）城市广告标示照明的控制与管理由以下哪些单位具体负责

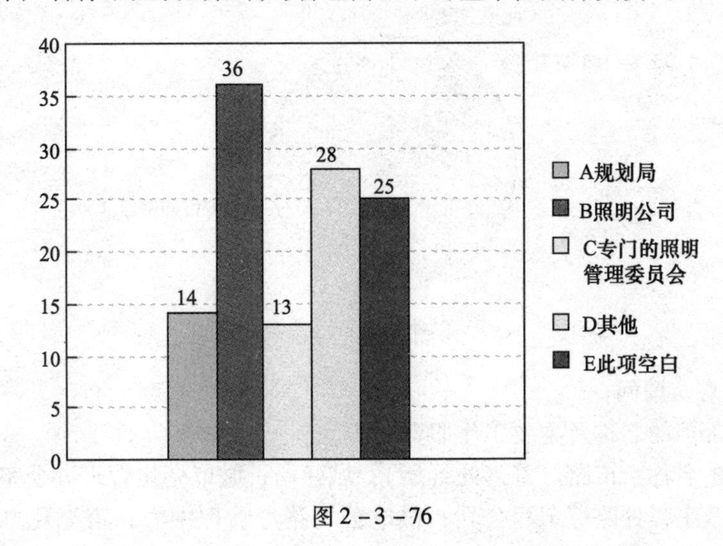

图 2－3－76

（8）您认为广告标示照明如何体现不同城市夜景观的特色

大多数城市表明：

①应扎根自身城市的文化土壤在挖掘城市历史文化表象的基础上努力体现不同城市夜景观的特色，商品宣传的同时应与周围的环境相协调，有时代感，有一定的艺术性。

②广告标识照明应结合城市的定位，服从城市夜景观主题，协调一致，作为城市夜景观的补充与点缀。

③新颖、醒目、美观，具有观赏价值与周围环境相协调，赏心悦目。

④主题醒目，色彩搭配协调，控制杂乱。

⑤结合地方特色制作广告标识照明设计，加强对地方特色产品的宣传。

应根据城市特色和具体周围环境，选择具有个性和环境相适应的灯具和光源，应扎根自身城市的文化土壤，在挖掘城市历史文化表象的基础上，努力体现不同城市夜景观的特色。广告标识照明要纳入城市公共照明专业规划之中，进行总体专业规范管理，无眩光，有一定的艺术性，新颖，醒目，美观，具有观赏价值与周围环境相协调，赏心悦目，具时代感。广告标识照明应结合城市的定位，服从城市夜景观主题，协调一致，作为城市夜景观的补充与点缀。

小结

由统计数据可知：

城市广告照明主要以灯箱广告、泛光广告和橱窗广告为主，在商品宣传的同时，其增强城市活力的作用也不可轻视，但广告照明造成眩光和污染夜间天空的情况也很多。

3.11 城市景观照明灯具设施方面

(1) 城市是否具有专门管理照明设施的相关部门

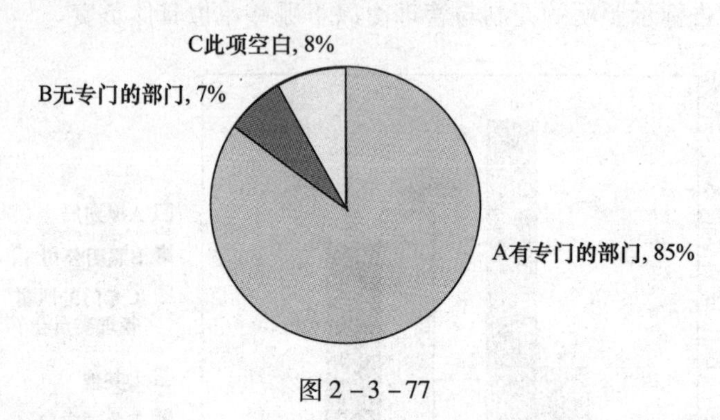

图 2－3－77

(2) 如果有，请问：

• 此专管部门的名称及主要工作职责

专管部门的名称：市路灯管理处（所）；城建局；城市亮化管理办公室；照明设施养护管理；市政工程处路灯工程公司；供电公司路灯管理中心；市亮化办；市夜景工程指挥部；市政管理服务有限公司。

主要工作职责：大部分城市回答都是路灯新建工程施工，城市照明设施的养护和管理。

代表政府履行相应专业管理，规划设计管理，建设管理，运行管理，维护监管及其具体协调，市场监管职能。

• 此专管部门的上级辖管单位

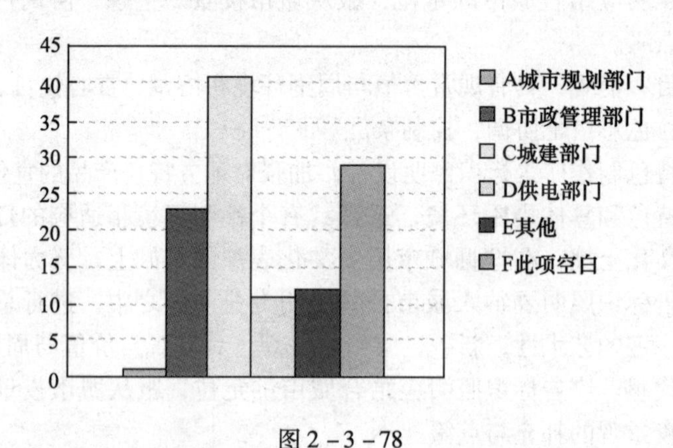

图 2－3－78

(3) 城市照明设施购置来源统计

出现频率比较高的厂家有：宁波燎原灯具厂、南京三乐电器有限公司、上海亚明、上海飞利浦照明公司、苏州银河照明器材有限公司、天津施莱德、飞利浦、欧司朗（德国）、GE、其中城市照明设施购置来源国产比例 80% 以上，国外的占到 20% 左右。

(4) 城市照明设施实施情况统计

• 照明设施选型决策部门

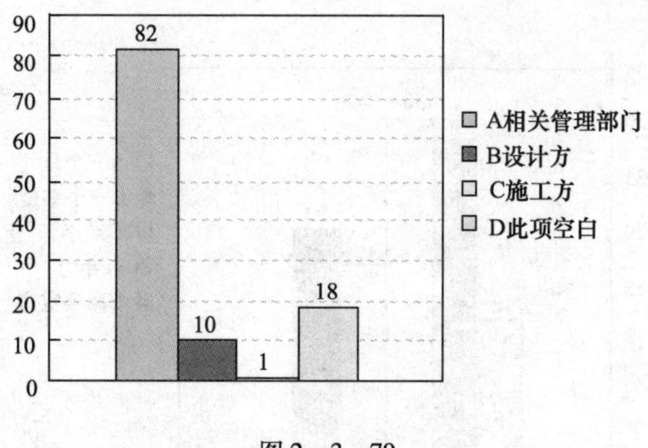

图2－3－79

- 照明功能设计选型标准主要是

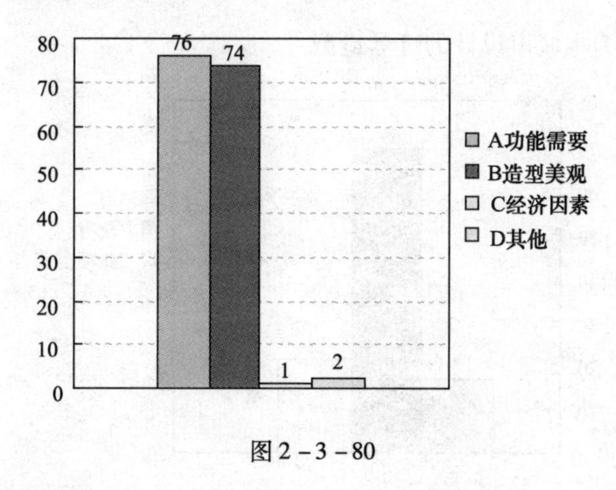

图2－3－80

- 照明功设施维护情况

维修清洁部门：90%以上的城市是路灯所，少部分是市政维护部门。

隶属机构：50%的城市回答为市建设局或建委，还有20%多的城市是供电公司或电业局，其余的是市政管理部门。

维修周期：

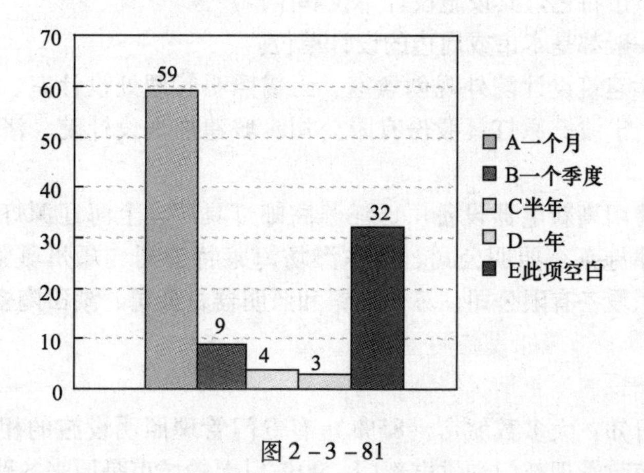

图2－3－81

清洁周期：

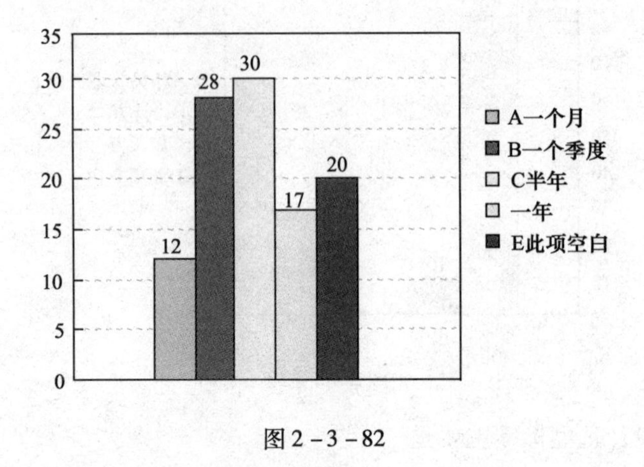

图 2－3－82

（5）是否有专为本城市设计的灯具造型

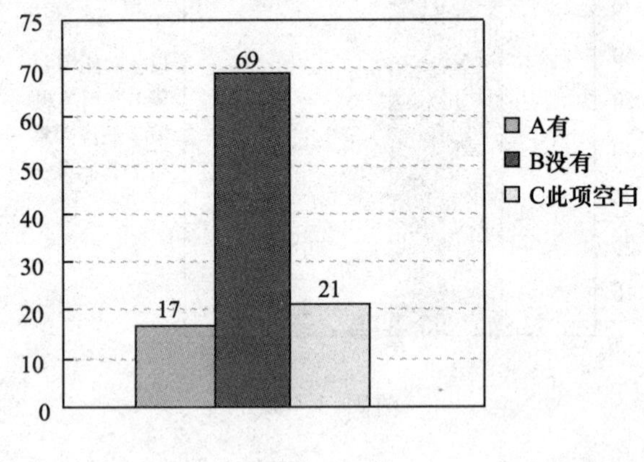

图 2－3－83

（6）如果有，请问：

• 此灯具运用场所

城市公共场所 54%；城市道路 40%。（22 份有效问卷）

• 此具有本城市特色灯具设施设计单位和生产厂家

设计单位：一般都是本市或周边的设计单位。

例：同济大学建筑设计院外观创意室、无锡照明管理处设计室、苏州市照明广告公司景观设计室、宁波燎原灯具股份有限公司、城建规划设计院、洛阳市城市照明灯饰管理处设计室。

生产厂家：德阳高新电器设备厂、江苏高邮灯具厂、上海辽源灯具厂、江苏高邮声光器材厂、天津施莱德照明公司、山东潍坊海莱特公司、郑州奥尔灯具有限公司、常州索源电器照明设备有限公司、苏州市银和照明器材公司、湖田陶瓷灯饰厂。

小结

由统计数据可知：大多数城市（85%）有专门管理照明设施的相关部门，主要集中在城建部门、市政管理部门和供电部门。90% 以上的城市是原来的路灯管理部门。

3.12　其他

（1）请推荐本市优秀照明功能案例 1 ~ 2 项

从问卷来看，集中在：

①交通枢纽类；

②旅游景点类；

③市民广场类。

（2）请对本市照明功能工作做一简单回顾和展望；另外，请结合时代特色提出你对如何塑造具有城市特色的景观照明有何建议

以下是反映较多的：

①节能降耗问题需要特别重视，在机制、体制、管理、技术、法制、激励等多方面需要加强和突出。专业管理机构首先应重视，积极宣传引导；

②照明质量逐渐提高，取得了可喜的成绩。对点缀美化城市，提高城市知名度，改善投资环境，促进旅游等起到了积极作用；

③引进新光源，新灯具，结束了以白炽灯、汞灯为主的照明方式；

④结合旧城区改造，城区道路照明规模空前的发展；

⑤特别突出了公共空间和建筑物的照明，大大提升了城市形象。

建议：

①城市照明首先要以人文本，专注公共服务功能，其定位、发展方向的准确至关重要。

②不盲目求洋，有创意创新，创造。

③应根据城市自身特色，制定高起点，高标准，高水平城市夜景工程、发展总体规划、城市亮化工程要体现城市艺术、人文特色，一个城市景观照明的好坏关键是首先要有一个好的总体规划，做到特色和功能定位相吻合。

④节能是当今的主题，科学发展是城市照明发展的要求，也是发展的良好形势，说明国家对行业的重视。

⑤城市景观照明到从单纯追求亮度向追求亮的艺术，亮的科学发展。不是光是让城市亮起来，还要让城市美起来，还要多出夜景照明精品工程。

⑥节能不是一个产品、一个环节的节能，而是整个系统的节能。这个系统包括客观主题上的，也包括理念、管理上的。

第3章　城市照明行业体制现状和发展建议

1　城市照明管理的现状

随着经济社会和城镇化的发展，城市照明已由原来单一的道路照明逐步发展成为涵盖景观照明和功能照明的城市照明，内涵和作用均得到了显著提升，已成为城市重要的基础设施。

国内城市照明现状主要有以下几个方面。

1.1　城市照明发展的历史格局及规模

城市照明的发展起步较早，首先出现并持续发展的是道桥、广场、隧道等室外公共空间的功能性照明，过去定义为“道路照明”。因此，城市照明行业起步于道路照明，百姓俗称为“路灯”。一般各城市在新中国成立后，即设立专职管理部门。在其长期发展过程中，各地对道路照明行业给予了财力、人力、物力的极大支持。在改革开放前，城市照明在市政公用事业中作为一个专业，规模不大，发展不快，各界对城市照明的专业、安全特性认知不够。随着我国经济建设的高速发展，城镇化进程的加速，社会公共服务水平的提高，城市照明得到了长足发展，对改善城市人居环境、保障社会治安、提高城市整体素质、推动内需、拉动城市夜间经济发挥了积极作用，为城市的社会效益、环境效益、经济效益做出了贡献。20 世纪 90 年代，在功能照明的同时，出现了融入城市景观要素的装饰照明。功能照明与景观照明形成了城市的灯光夜景。2004 年建设部、发改委专门发文，将两者规范定义为城市照明。

据不完全统计，20 世纪 80 年代初，城市路灯平均数达 8500 盏。到了 2005 年，城市路灯平均数达 15000 余盏，增长了 76%。这里还不包括景观照明设施的数量。以江南某城市为例，从 80 年代初到 2003 年，路灯数量在这期间增长了近 6 倍，如果计算到 2006 年，则增长了 24 倍。据不完全统计，照明年耗电量占全国总发电量的 10% ~ 13%，从事管理监察、规划设计、工程建设、养护维护、运行监控、设备制造（灯杆、灯具、光源、配套电器等）、销售服务等相关产业人员达数百万之多，行业规模日益壮大。

1.2　城市照明的管理体制

主要存在以下五种类型。

一是景观照明与道路照明合二为一，同属一个专业管理部门管理。统筹管理景观照明与道路照明的模式在更多的城市中推行。“路灯管理处（所）”更名为“城市照明管理处（中心、所）”成为现今推动城市照明一体化管理的趋势。现在全国约有 72% 的城市照明统筹在一个管理部门。部分城市也在积极争取，推行集中高效的管理模式。

这里，以香港为例。香港地区的城市公共照明设施（包括市政道路、桥梁、隧道、天桥、公共住宅区等照明）由香港路政署属下的路灯部负责规划、设计、建设运行及维修管理。目前有路灯 10 多万盏。其管理的特点有：

管理统一。香港城市照明的管理与建设、维护高度统一，在规划、设计、建设、维护、监控等方面能达到一个很高的标准。同时，又能做到设计合理，建设标准高，法规健全，管理手段现代化。香港城市照明的亮灯率、照度及均匀度指标都达到较高的现代化标准，成为香港地区现代化的城市夜景之一。

经费保障。政府财政每年提供超过 1 亿港元的路灯维护经费，由三家路灯工程作业机构与政府签约，负责养护、维修全港路灯。每年由路灯部对三家机构制定维修管理计划，每月组织一次检查。选用的路灯材料由路灯部通过招标确定使用。

法律保障。政府订有《公共照明条例》，对各机构的巡查、清洗、修理、更新等，都有相当具体的规定。路政署路灯部进行统筹、监督和抽查。

规范维护。香港路灯设施有严格的维护要求。由于建设阶段设计与施工要求的标准起点较高，选用的材料又均为优质产品，质量有保证，因而故障率低，亮灯率高。规模化的集中统一采购降低了运行管理成本，给长效维护创造了良好的条件。

二是景观照明与道路照明由两个不同的部门管理，但这两个部门均归建设系统。比如道路照明归属地方建设局或市政公用事业局，景观照明归属城市管理局。

三是景观照明与功能照明由供电系统管理。这其中主要还以道路照明为主。

四是景观照明与功能照明分别由建设系统、供电系统管理，城市照明不能成为一个有机的整体。

五是有的城市采用“条”的模式，有的采用“块”的模式。

例如，西南某城市改变了原有统一管理的模式，改成以块为主的管理模式。曾经，该市城市照明原由路灯管理处统一管理，其“依靠编制规划推动行业发展的举措”创全国之先，1999 年世博会打造的城市照明水平为全国同行所称道。但自 2004 年 5 月起，全市的城市照明全部下放到所辖的四个区。据该市主流媒体报道，该市城市照明管理职能下放后，各区亮灯率由 98% 下降至 90%，群众反映的投诉数量是原来实施统一管理时的 4 倍。主要问题有：

- 统一监控不复存在，先进设备成摆设；各区分头控制，落后设备重复上马，重复投资严重；主材采购渠道不一，造成设施质量、规格、标准不统一，增加了维护更换成本；
- 人财物运行效率下降，网络兼容成难题；运行安全问题日益凸现；
- 道路、网络交叉与分片管理，增加了具体的建设、维护、管理间的沟通协调工作量；
- 整体规划目标难以实现，城市照明发展减缓甚至倒退；
- 服务效率下降。一个窗口对外，变成多个窗口对外。城市照明网络的交错，一旦发生问题难以快速明晰管理责任主体，影响到公共安全和社会服务。（据目前了解，昆明现已调整为统一管理）

城市照明统一管理与分片管理两种体制的利弊比较，可概括为以下方面，见表 3 - 1 - 1。

表3－1－1 城市照明统一管理与分片管理比较

管理模式 比较类别	统一管理模式	分片管理模式
国家行业管理政策	符合城市照明集中高效、统一管理要求	不符合
安全	减少安全隐患	增加安全隐患
行业体制改革	有利于市统一考虑、统一部署、统一推进	各区情况不同，不利于统一考虑，统一部署，统一推进
网络	统一设计；随建设项目同步配设，有利于后期监控； 放射状、多极点，相互联结，不单纯依附道路、行政区域设置； 统一网络是设置先进监控防盗系统的技术基础	不利于全市范围内同步配设； 按照行政区域分割网络，造成分属不同区的同一道路照明设施多头监控，增加投资； 不利于防盗系统的全面设置
社会公共服务	统一服务窗口，统一答复； 有利于与群众、社会的沟通； 提高服务与抢修效率	各自对外； 不利于畅通群众投诉渠道； 降低服务与抢修效率，不利于快速解决问题
规划	可以从城市总体建设发展需要出发，统筹考虑，实现规划全覆盖，促进照明事业全面协调可持续发展	无法统筹考虑。落实到设计、建设、管理中，与照明整体发展不协调
设计	统一组织设计； 统一考虑设施及网络的兼容配套	多方设计，无法与原有的设施及网络配套
建设	统一组织建设，有利于质量控制，有利于长效维护	多方建设，不利于质量控制，影响长效维护
材料	1. 能够实行统一招标； 2. 规模化材料采购； 3. 有利于实现材料的标准化； 4. 兼容性强，降低维护成本	1. 各自选购； 2. 总量减少； 3. 增加采购成本； 4. 兼容性差，增加维护成本
监控	实行统一监控；监控设备统一设置相互连结互用，各设备相互兼容； 统一投资，集中高效	不利于统一监控；监控设备分区设置不兼容； 重复投资
财政经费	1. 能统一调配； 2. 有利于发挥集中优势	1. 分区划拨； 2. 增加总盘子
管理环节	环节减少，人员精简，机构精简	环节增多，人员增多，机构增多
绿色照明	可以利用长期的专业管理经验，推广绿色照明，有助于节能环保	不利于促进照明节能环保

综上所述，我们认为统一管理模式利大于弊。从国内乃至国际上大部分城市来看，统一管理模式也是主流，并已被各城市的实践证明具有广泛的优越性，是符合照明行业实际的。当前，城乡一体化的格局逐步延伸。有些县级市、镇，逐步纳入到大型城市的行政区划中，也就是所说的撤镇并市。随着城镇化进程的加快，城市照明有些采用垂直管理的模式，直辖管理到镇、乡，有些以区分块管理。这在景观照明层面上，表现得多一些。

因此，照明管理机构及其管理体制上的问题已是制约我国城市照明事业健康有序发展的一大障碍。

1.3　专业管理机构的行业隶属

据中国市政工程协会2005年就我国地级城市主要城市照明管理机构的不完全统计资料，全国地级以上城市照明专业单位所属主管部门主要分三大类，详见表3－1－2。

第一类是隶属建设系统，这类归属占总数的82%；

第二类是属供电系统，占12%；

第三类属其他行业系统，占6%。

表 3－1－2　全国地级以上城市照明专业单位所属主管部门

隶属部门	建设系统			供电系统	其他
	建设局	市政公用局	城管局	供电局	
数量	147	59	24	34	17
百分比（%）	52.3	21.0	8.5	12.1	6.0
小计（%）	81.9	12.1	6.0		

实践证明，任何一个城市要正确把握城市照明的发展趋势，统筹兼顾功能照明与景观照明的协调发展，就必须确立统一的城市照明管理体制，由一个而不是多个管理部门实施城市照明管理。应该说，在国家和省、直辖市、自治区的层面上，城市照明的行政管理职能分别集中统一在建设部和省建设厅，不存在管理体制混乱的问题。但在地级市及以下层面，则存在管理体制不对应、不够协调顺畅的问题。

1.4　经费来源及使用

主要分建设经费、维护经费、节能专项经费。

城市照明建设的资金渠道主要是政府投资和业主自行投资。一般来说，城市功能照明主要由政府投资，住宅新村小区、厂矿企业道路照明是由业主自行投资，而城市景观照明除了一些重要的城市建筑、公共绿地、公园、名胜古迹等是由政府投资外，其余大多是由业主自己投资。

城市照明维护费主要来源于城市维护费附加和供电附加。过去因财政维护经费不足，政府实行“以建设补贴维护”的办法。作为专业管理单位的路灯管理机构，多实行事业单位企业化管理，通过工程盈余补贴维护经费，形成了现在集“管理、维护、建设”于一体的格局。目前，较多的实行电力附加的城市，费用不能足额专款用于城市照明维护。

目前城市中很少有节能的专项经费。建设费用是市场运作、第三方审计来确定的。维护费用（包括运行电费）大多采取实报实销的机制。个别城市，有对城市照明节电的奖励经费，但从科学统计、合理计算、建立机制的角度谈，这些节电的奖励还不完善，还没有调动建设单位、管理单位、使用个体的积极性，节电节能意识薄弱。这样的费用体制，使得推动新能源节约机制的难度极大。

1.5 从业对象

目前国内从事城市照明的单位主要可分为以下几类：

纯设计单位，主要是各地市政设计院或其他建筑设计院等有电气专业设计资质的单位，还有大专院校、广告公司及专业照明设计公司等；

纯施工单位，主要是具有机电安装资质或城市道路照明专业承包资质的安装公司，还有灯具、灯杆制造厂家等；

设计施工一体化单位，主要是国内外的知名大公司；

设计、施工、养护一体化，主要是各地的路灯管理部门，也是目前国内城市照明建设的主力军；

照明产品的制造、销售、服务人员。

1.6 规划

在城市照明规划方面，目前规划普遍滞后，城市整体照明凌乱，缺乏主次与特色，没有形成总体效果。照明规划缺乏专业性、科学性。照明规划的设计市场缺乏技术准入门槛，致使设计队伍鱼龙混杂。

城市照明规划的后期实施也存在问题，一是缺乏有专业背景的管理人员；二是城市照明规划作为法规的严肃性未得到充分体现，随意更改的情形常有发生，导致照明规划的综合调控作用难以得到充分发挥。

因此，基于以往基础，自2004年后，建设部加大了规范管理力度，出台了一系列规章文件，要求2008年各城市要完成城市照明的专项规划的编制。就此，城市照明的规划工作正有序推进并逐步规范，但规划的贯彻施行及其管理也需要长期重视和关注。

1.7 设计

城市照明设计方面，国内目前主要有以下几种情况：

一是由城市照明管理单位即各地路灯管理部门自行组织设计。路灯管理部门自行设计，由于设计人员比较专业，对整个城市照明现状和照明供配电网络比较熟悉，因此其设计考虑问题会比较全面，会严格按照城市照明总体规划进行设计，比较注重城市照明的整体效果，设计相对比较合理，设计文件较规范。其主要不足是没有专项设计资质。

二是由各地市政设计院或其他建筑设计院等有电气专业设计资质的设计单位进行设计。对于有资质的设计院来说，他们虽然有电气专业设计资质，但对城市照明专业也比较陌生，对城市照明行业缺乏了解，设计往往忽视了城市功能照明的一些专业技术指标，如亮度比、光色、眩光及光污染控制、用电安全、照明器具、照明方式、节能措施、照明控制及管理措施、结构强度、照度、能耗指标、供配电专项指标等。其设计往往比较简单，仅从单体工程考虑，不考虑整个城市照明的入网运行。

三是由国外知名照明公司、大专院校、广告公司进行设计。他们主要从事城市景观照明工程设计，在三维动画、平面效果图设计方面是强项，但在供配电、用电安全、节能措施、照明控制等方面考虑很少。

四是由大型的照明产品制造销售商进行设计。至于一些灯具生产厂商或其代理商的设计更是功利性比较强，其设计的主要目的是为了推销自身产品，依附于销售目的。

在城市景观照明设计方面，由于许多城市功能照明和景观照明是由不同的部门在进行管理，因此，在设计方面则较混乱。甚至出现仅凭效果图、概念方案就直接进入施工阶段。

因此，非专业设计一方面造成了能源浪费与光污染，影响了居住与生态环境的和谐与平衡，更带来了较大的安全隐患；另一方面，非专业设计往往造成单项工程无法入网运行，无法实现城市照明系统的集中监控，影响了城市夜间的整体形象。目前建设部即将出台的设计专项资质将有效地改变这一格局。

1.8　照明施工

在传统的城市功能照明施工方面，自1979年至今已制订了一整套的规范、规定、标准定额等约百万字的文件汇编。相对来说，我国城市道路照明全国各地都有比较健全的管理机构和管理规章、稳定的经费投入和技术熟练的队伍。在对外承包工程，对外采购材料等方面有较为完善的程序。

根据《建筑业企业资质管理规定》，建设部以建〔2001〕82号文颁布《建筑业企业资质等级标准》（标准自2001年7月1日起来施行，1995年试行的资质等级标准废止）。作为60项专业承包资质之一的《城市及道路照明工程专业承包资质等级标准》，从企业信誉、专业技术人员配置、机械设备等各方面提出要求，进一步提高了全国各地路灯施工单位的施工能力和管理水平。在施行过程中，对城市道路照明建设活动监督管理、维护建筑市场秩序、保证建设工程质量等方面起到了较好的作用。

随着改革开放、市政公用行业市场化进程的推进以及全国各地路灯行业“管养分离”改革步伐的加快，城市功能照明施工方面也逐步出现了竞争格局。除原有的路灯管理单位外，一些国内外照明公司、灯具或灯杆制造厂家、机电设备安装公司等等也纷纷参与。由于缺少市场准入制度，这些单位往往凭借各种关系进入市场，他们缺少专业设备，缺少专业队伍，缺乏专业施工能力，施工安全存在隐患，施工质量无法保证，施工效率低下。加上国内目前还没有道路照明方面的专业监理，其施工质量难以保证。

在城市景观照明施工方面，由政府投资的项目，经过规范招投标程序，比较规范。但许多由业主自己投资的景观照明，照明主材和施工单位往往是业主选择。因此无论是从设计、施工，还是最终运行管理，均缺乏有效的监管，工程质量尤其是后期的运行维护没有保证。这个问题目前也越来越受到各地政府部门的关注，亟待解决。

1.9　运行维护

传统的城市功能照明，目前全国各地虽然由不同的行政主管机关如建设局、公用局、城管局、供电局等在进行管理，但都有一个固定的路灯管理机构，有稳定的经费来源，有技术熟练的专业队伍，有专业的维修机械设备，有一套完整的日常管理、养护、抢修制度，许多城市还有先进的无线路灯监控系统等等，为城市照明的正常运行提供了保证。城市照明的正常运行，不但关系到城市形象、城市的投资环境、城市的经济发展，更关系到广大市民的切身利益，关系到交通车辆安全和人身安全。

而城市景观照明的运行管理，许多城市存在“形象工程”、“政绩工程”，建设时大张旗鼓，建设后连基本运行电费都无法保证，更不用说日常养护经费。也没有专业的、稳定的维修养护队伍，许多城市景观工程到最后成为“鸡肋”，成为一种摆设。这些问题，在那些景观照明与功能照明分开管理的城市较为突出。而景观照明与功能照明由同一部门进行管理的城市，相对就好一些。景观照明由于起步晚，各方面迫切需要理顺关系，建立和制定各类规章、规程、标准。因此，有效整合现有资源，确立统一的管理体制，无疑是城市照明管理迈上新台阶的保证。

2 行业改革与发展的主要精神

最近，国家建设部会同发改委连续出台了一系列加强城市照明管理、促进节约用电、推动城市绿色照明的意见。中央在“十一五”规划中，将公共设施的照明纳入了“十一五”期间的十大重点节能工程，把城市绿色照明放到节约能源这一基本国策的高度。建设部对城市照明行业改革与发展的主要精神有：

2.1 明确城市照明的定义

新的定义统筹了功能照明与景观照明，将以往较多割裂、分离的道路照明、景观亮化照明，归并其本质，合称为：城市照明。综合两者特质，将城市照明的建设管理统一到一个部门，集中行使管理职能。

2.2 市场运作与市场监管并举

作业市场开放，实行招投标，由具备专项资质的单位参与竞争。在规划、设计、建设、材料、监控、管理等环节中，实行专业部门专业监管。建立健全城市照明的法规、标准体系，规范市场竞争。目前城市照明的工程项目建设已逐步市场化。在现有资金不足的条件下，城市照明设施的维护尚未全面推进市场化。

2.3 利用多种手段措施，积极推动城市绿色照明

利用法制、经济、财税、价格、宣传、信息、考核等多种手段和措施，积极推动城市绿色照明，扭转“大功率、全覆盖、多色彩、超高亮”的发展误区，引导城市照明向“高效、节能、环保、健康”的方向发展。

2.4 保证对城市照明的财政投入

公益性的城市照明应纳入公共财政体系。开征电力附加费的，要做到全额专款专用。

2.5 以人为本，保证基本的功能照明

实行“功能照明为主，景观照明为辅”的发展原则，构建和谐的照明环境。

3　现状体制存在的问题

3.1　体制不顺

由于没有实行集中统一管理，无法统筹功能照明与景观照明。不同管理部门在城市照明管理方面存在职能交叉、重叠等情况，也存在重复投资，多头管理，专业管理不足等问题，不利于发挥城市建设维护资金的最大功效。

早期的城市照明以简单的路灯为主，因此路灯管理也由供电局负责，时至今日还有一些城市的城市照明管理单位，仍然隶属于供电公司。目前隶属供电公司的城市照明管理单位数量比例不高（12%左右），但不少经济发达地区的直辖市和省会城市如北京、上海、天津、沈阳、杭州、广州等均属于这种模式，照明设施数量和照明用电量所占比例不小，对节能工作的影响较大。

这一管理体制在一定程度上，制约和阻碍了节能降耗工作的开展。我国供电公司的管理模式是垂直管理，地方政府无法对当地的电力使用全面协调，而城市照明作为地方公益事业，是当地政府必须进行全方位管理的，体制上的冲突导致城市照明无法在当地政府的领导下进行集中高效管理，使城市功能照明与景观照明各自为政，社会资源不能合理有效利用。客观上与节能降耗工作的存在着一定的利益矛盾，在体制利益的角度上说，这种模式对节能工作的推进是缺乏积极性。

目前，城市功能照明的管理基本在当地路灯管理部门，主要隶属于供电公司或市政、建设部门，而城市景观照明的管理部门，则是五花八门，有隶属于市政委、市建委、环境委、城管、园林、管委会等等。

3.2　没有形成以节能、绿色照明为主旨的运作机制

外界对城市照明节能空间的认识不足。没有随着社会的进步、城乡一体化的推动，看到其总量规模、看到其发展态势；没有系统的节能理念，往往停留在某一个节能产品、某一个节能器件、某一个阶段的节能，没有从规划、设计、建设、维护、监控等整个运作流程上全盘考虑，这就使节能的实践效果不明显。效果不理想，反过来又弱化了内在的节能积极性，弱化了节能实践的创造力。照明电费实报实销的机制，客观上弱化了主体的节能积极性，弱化了引进新的能源管理方法的主动性，弱化了提升节能效果的创造力。加上，外部没有缺乏科学的节能统计体系，缺乏科学的考核机制，缺乏节能的激励措施，缺乏好的政策引导等等，这些都使得城市照明的节能没有形成一个顺畅、良性的循环。

3.3　对城市照明行业的定位认识不充分

城市照明实质功能是服务公众，而且是无偿的，不需要家家户户“先付费、再亮灯”。社会投资者不可能像对道桥、自来水、污水处理等其他公用行业一样，对城市照明进行大规模投资并通过收费获益。因此，从其本质和功能讲，城市照明属无偿性公益服务行业。

性质定位的不同，就会带来实际运作的不同。作为有偿性服务，作业机构必须按“产权明晰、责任明确、利润最大化”的原则运作。作为无偿性公共服务，政府责无旁

贷应担负起服务社会的职能。

由于对城市照明设施公益无偿性的认识不够，片面要求投资多元化、市场化，与路灯的实际不符，导致行业发展中出现过多讲收益、讲“管、养、建完全割裂”；导致较多城市存在照明盲区，有灯不亮、有路无灯的情况较为突出，弱化了政府在公共服务上的职能。节能照明、绿色照明也就失去了其本质意义。

3.4 资金不足的问题

城市照明虽在市政公用行业之列，但与自来水、燃气等收费行业有着显著的不同，不存在收费，无收益。城市照明维护费主要来源于城市维护费附加和供电附加。在长期实际运作中，这些费用一直难以足额到位，无法做到专款专用。城市照明维护经费长期处于拨款不足的境地，巨大的经费缺口只能通过路灯管理单位自身通过工程建设结余来弥补。由于无法落实专款专用，城市照明维护费不足，设施得不到及时维护更新。这也客观上造成了“以建补养”的格局。一定程度上，这种体制格局也延缓了行业改革的步伐。

如今后行业改革后，管理机构与作业机构分离。作业机构的利润来自于提供公共服务后的收益。按照规范服务要求运作，维修经费须要财政按时足额拨付到位，才能确保城市照明设施的正常安全运行。如果经费不足，作业机构将难以提供保质保量的服务。特别是对一些运行年限已到，急需大中修的项目和存在安全隐患的设施问题，作业机构因经费不足，不可能按照“轻重缓急”的原则实施及时维修。管干分离后作业机构不可能用自身利润来弥补财政经费的不足。因此，实行政府购买公共服务后，按照合同和定额测算，城市照明维护经费缺口的矛盾会更加突出。

3.5 专业管理职能弱化

管养建合一的格局，导致照明专业管理机构被片面认为是施工单位，管理职能被弱化甚至被剥离。在城市照明建设中，地方相关主管部门、建设单位、政府领导偏重于灯型、高亮度的外在效果，往往对功率密度指标等内在指标和后期维护投入等因素考虑不够。而专业管理机构的意见不能得到足够重视。

大部分城市照明为建设系统不同部门多头管理，导致节能工作无法有效落实。

根据对全国东北、华北、华中、华东、华南、西南、西北7个地区20个省120个城市的调查，每个城市都有功能照明的管理部门，但是能对城市照明集中管理的城市寥寥无几，不足5%。由于很多主管灯光的管理部门的业务范畴与照明行业相去甚远，导致城市照明行业管理监管不到位，规划缺位，设计不规范，建设无序，无资质施工，无证上岗。一些城市为了亮化、美化，不计成本，采用粗俗、低效、高耗能产品，不仅浪费了能源，一些照明工程还存在安全隐患，事故时有发生。

3.6 城乡差距较大，推动城乡统筹的难度更大

在计划经济时代，大约20世纪50年代后期，户口按照城市与农村分开，农村与城市的生产要素流动断绝。在社会保障、医疗、公共设施、教育等领域，城乡二元制给农村带来的差距是显著的。据相关数据统计，全国从1996年开始，城镇化率每年上升1.4个百分点，2005年城镇化率为43%。北京、上海、深圳等城市则达到了80%以上。快速的城镇化进程与当前乡镇照明的现状形成了发展中的矛盾。一般讲，乡镇缺灯少

灯的问题极为普遍。乡镇路灯分布极不平衡，规模较小、无专业管理队伍、缺乏专用维护设备，与城乡建设发展速度不适应。为推动城市照明统筹管理，促进城乡照明协调发展，需要推动城市照明的城乡一体化，将乡镇路灯逐步纳入统一管理的范畴。同时也要采取有别于城市的发展战略，优先发展功能照明，首先解决基本的道路照明。

综上所述，看似与节能的关系不大的行业管理体制的问题，从某种意义上讲，是实现节能的首要环节，是推动节能的基础条件。所以，解决能耗问题，推动绿色照明，不仅仅是节能产品、设计标准、合理监控的简单问题了，而是需要在管理体制与机制层面上考虑，需要在政策引导、激励措施上考虑。

4　发展建议

4.1　在绿色照明、节能降耗与管理体制机制的关系上，建议要立足于六个基本原则

4.1.1　要准确定位城市照明行业性质

行业性质是行业科学发展的方向、是行业定位的坐标。定位偏失，则发展不快；定位不准，则发展不好。城市照明行业属于市政公用行业的一部分，也有自身的特殊性。满足群众需要、保障社会生产活动、提升城市软实力，这些都是城市照明行业发展的终端目标。这些终端目标，从政府职能角度讲，也是政府应尽之职、应管之事。当然，随着社会的发展，市场经济体制改革的不断推进，政府管理、发展城市照明行业的手段可以不同于过去的包揽，可以是多元化的、多方位的。关键在于无论通过何种方式、何种措施，都要科学的认识行业本质，实现又好又快的发展。

4.1.2　要有足额经费保障

城市照明行业就公共服务的职能定位，决定了其发展必须要得到的财政保障、政策保障。城乡一体化的进程也需要更多的投入，让城乡居民享受到改革发展的成果，让百姓更多的受惠。

4.1.3　政府、市场等外部环境必须同步规范化、有序化

作为大环境中的一个公共服务行业，推行管理、养护的规范化运作，需要整个外部环境的培养、烘托。政府履行公共服务职能需要更规范，市场化运作也需要更规范、更专业。

4.1.4　坚持城市照明的统一管理，统筹管理

推行统筹管理城市照明也就意味着政府职能必须以提供公共产品和公共服务为己任，从而使得政府权力得以规范、回归公共服务。景观、道路照明的截然分开，造成行政职能的错位和交叉，多头管理，形成部门之间扯皮现象多，行政效能低下，过多经济资源被行政机构自身消耗掉，而且无法履行宏观经济管理、市场监管、社会管理等职能，无法向民众提供合格的公共服务和社会保障等。因此，必须对现有城市照明管理体制进行有效整合，改变政府机构繁多、职能交叉的现象，通过减少机构数量，降低各部门协调困难，使政府运作更有效率，更符合市场经济的宏观管理和公共服务的角色定位。换言之，统筹管理是社会大转型中政府保障服务性功能突出、行政色彩淡化的必然选择。而一个整合了景观照明、道路照明的专业管理机构，其职能也应该

适应和体现市场经济发展和公共行政的管理需求。这也符合当前有关大部制改革的精神。通过统筹管理的改革能够收到扎扎实实的成效，政府管理部门都能成为办事干练、勤政为民的政府。

4.1.5 完善综合配套政策，推动行业改革

要结合城市照明行业初级阶段的实际，因地制宜，既要看到城市照明与整个市政公用行业的共性，又要看到行业自身的特殊性，努力寻找政府责任与市场机制的最佳结合点。既确保运行安全，维护好群众利益，又充分发挥市场机制的基础性作用，提高效率。

4.1.6 必须坚持城乡一体化的发展格局

要将城市照明这一公共服务职能落实到政府公共管理中、落实到城乡。长期以来，由于计划经济体制的影响，我国的城乡二元经济结构比一般发展中国家更为突出。城乡之间不仅在经济发展上存在较大的差距，而且在社会事业、公共服务、收入分配等方面也存在不统一、不公平的体制和政策，导致城乡经济社会发展不协调、城乡居民收入的差距和国民待遇上的不平等。

4.2 在具体的行业发展中，要注重的具体问题

4.2.1 采取综合措施，激励节能积极性

定期或不定期制定高效照明工艺、技术、设备及产品的推荐目录，适时公布落后工艺、技术、设备及产品的淘汰目录。优先采购绿色产品目录中的产品，优先采购通过绿色节能照明认证、经过专业检测审核或通过环境管理体系认证的企业的产品。加快研究、起草、制订、完善各类绿色照明产品的能效标准。通过绿色采购正确引导社会消费意识和行为，帮助扶持城市照明优质、高效电器产品生产企业提高科技水平，增强市场竞争力。

要建立完善适应本地实际的城市绿色照明节能评价体系，科学综合考虑评价节能效果。建立健全城市照明节能管理统计、监测制度，严格执行设计、施工、管理等专业标准和单位能耗限额指标，实行城市照明消耗成本管理。

更为重要的是，要明确中央、地方财政的引导作用，出台激励、奖励政策，让城市照明节能的投资者、使用者，乃至参与节能的主体，都能享受到节能带来的收益。

4.2.2 推行合同能源管理，实现双赢发展，良性循环推动节能

在城市照明行业中引进、示范和推广“合同能源管理”这一先进节能项目。以市场为导向，建立推动和实施节能措施的新机制，推动城市照明节能的产业化进程，提高能源利用效率。按照规范选择确定专业服务机构，不断提升专业服务机构的能力。通过合同能源管理等方式，聘请专业服务机构参与城市照明节能改造，提供能源效率审计、节能项目设计、采购、施工、培训、运行、维护、监测等综合性服务，并通过与客户分享节能效益赢利，实现滚动发展和双赢发展。

4.2.3 健全法规及标准体系

切实履行政府职能，强化政策导向。健全和完善法规、标准，完善规划、设计、施工、材料、验收、安全等方面的监管内容，配套完善实施细则。结合城市照明无偿性和社会公益性的特点，切实加强专业管理；积极推进改革，逐步放开作业市场，严格单位资质管理与个人作业资格管理，规范市场竞争。规范作业市场管理，坚持依法

管理。充分运用国家现有质检网络和机制，加强器材市场管理。

4.2.4　理顺管理体制，实行集中统一管理，发挥专业管理作用，优化资源配置，提高管理效率，节约管理成本

结合照明行业实际，统筹道路照明和景观照明，整合资源，节约资源。发挥政府资金的最大功效，建立统一管理体制，专业管理机构要会同相关建设行政主管部门对绿色照明实行动态管理。严格执行“三同时”制度，在规划立项、方案设计、建设改造、验收检测、器材选用等各环节中，建立完善协调机制，一并审核稽查。使城市照明规划设计更专业、建设施工更规范，运行监控更科学，产品器材选用更合理，使各个环节科学运作。

4.2.5　落实专款专用，足额拨付城市照明维护费

在目前财政经费不足、整体运作尚未完全规范的环境下，管养建合一的体制使我们的建设同步考虑了维护，维护同步考虑了成本，成本又同步考虑了节能、安全和科技进步。在具体工作环节中，使行业管理者能够始终关注和考虑行业的长期发展，切实保障公共利益，为政府承担了较多的困难，为群众提供了安全的保障，为单位搭起了发展的平台。

但行业的改革与发展是必然，管养建合一的格局必然会改变。这些职能的分离，需要在经费保障的基础上推行。需要将公共公益性城市照明所需经费，纳入公共财政体系。不应当片面讲多元化，让社会、让企业来承担政府应当承担的费用。收取城市电力附加费的城市，应当做到足额专款专用，为推进城市绿色照明工程提供资金保障。要调动各级政府和社会资源，集中力量和资金，逐步增加投入，推进深化城市绿色照明工程。

在目前的管养建合一的模式中，可以引入“购买服务、市场合同、绩效管理、目标管理”等政府工具，可以倡导人事制度改革，推动人力资源管理，充分利用新型公共管理制度，规避、减少“合一”体制造成的弊端。

4.2.6　将绿色照明纳入政府考核指标体系

落实绿色照明，不仅是专业管理机构的工作，还要落实到对地方政府的考核体系中。建立国务院各部门和地方政府、行业管理部门城市绿色照明、节能目标责任制。贯彻落实构建节约型社会的要求，把绿色科学合理照明、节能考核指标纳入地方政府和党政领导绩效考核内容；纳入城市管理创优、文明城市、环保模范城市、生态城市等考核评比内容；纳入单位能耗目标责任和考核内容。

第4章　城市照明规划

今天，我们不能想象高速发展的中国城市，如果没有系统的、具备明确阶段目标的城市规划会出现什么样的情况，但是没有照明规划的城市也存在了很久。

城市规划的公共政策属性，决定了其执行国家政策的力度和对公共资源的配置原则。而城市规划的前瞻性、系统性、综合性、连续性决定了其对城市建设所发挥的关键性作用，是不可缺少的工作环节。编制城市规划已经成为一座城市构建理性发展秩序的关键工作。

本应成为城市规划构成内容的城市照明规划，却因各种原因一直游离在规划制度和规划体系之外。虽然近几年部分城市已经开展了各种各样的城市照明规划，弥补了一些空白，但是更多的还是以夜景规划和照明技术为主，与城市规划的关联性仍显不足。

我们不能说今天城市照明领域所反映出的问题都与缺乏城市照明规划有关，但不容置疑的是没有系统的城市照明规划，一定会导致管理和发展建设的无序。

城市照明规划具有城市规划的所有属性，以及系统、前瞻、科学和管理等特征。城市照明规划也需要运用城市规划、城市设计方面的知识和方法，而不只是照明技术的运用规划。

城市规划作为一种设计和管理城市的工作方法，面对不同特色的城市会采取不同的策略和技术。同样，城市照明规划也不能“千城一技”、“千城一式”，编制城市照明规划不是简单地用运用套路和定式，而需要以创意和适宜作为规划的指导思想。我们相信不变的是国家的政策指向，变化的是我们进行城市照明规划时，如何结合地方经济和城市特色，进行适应性的规划设计。

城市照明规划与实施都需要贯彻国家倡导的节能降耗和绿色照明理念，并在规划和建设实践中加以落实。城市照明规划如同城市规划一样，是一个行业管理和建设实施之纲。

节能降耗需要科学、系统的城市照明规划进行指导和落实；依法行政需要理性、合理的城市照明规划作为依据和法理；城市生活需要先进、适宜的城市照明规划保障安全和体现文明；城市特色需要创意、生动的城市照明规划显现个性和魅力。

城市照明规划能够有效地分区确定照明标准，与城市规划互动，建立系统的管理制度，既保证不断完善、提高城市功能性照明的标准和效果，又可特别保护城市夜景资源，凸显城市的特色夜景，避免光污染、高能耗等问题。城市照明规划作为城市规划中的专项规划，其系统性、综合性彰显其科学性与经济性，是检验城市文明程度的重要标准。

法定的城市总体规划和详细规划都包含道路、给排水、电力、通信、燃气等专项规划的内容，应将城市照明作为一种城市重要的公共服务功能纳入法定规划的编制体系中，城市照明规划应该成为与城市规划同步开展的工作，将会使城市规划更加完善和科学，使城市更加有效地服务于社会、服务大众。

1　城市照明规划解析

1.1　城市照明规划的发展背景

城市是集政治、经济和文化要素为一体的物质空间，城市照明是延续人们夜晚活动时间和空间的重要保障，也是体现社会文明程度和文化价值取向的重要载体。目前，我国城市照明领域暴露出了一些问题，如盲目追求高亮度、大规模的景观照明，功能照明景观化，形象工程、临时工程不断出现，城市光污染问题日益突出，能源消耗不断增加等。

在城市功能照明中存在"重建设，轻维护"的问题。很多城市新建设项目盲目追求高标准、高亮度。平均亮度、功率密度等指标远远超过国家标准。道路照明越做越亮，大大加剧了能源消耗。而城市中许多旧道路、旧小区却长期存在"有路无灯，有灯不亮"的现象，管理维护和改造工作严重滞后，有些照明盲点已经成为交通事故和罪案的多发点。

功能照明中舍本求末，景观化趋势日益增加，过度追求灯杆、灯具造型和外观上的变化，造成后期检修维护的不便，大大增加了维护成本。有些甚至以不适宜作为道路照明的景观灯、庭园灯取代路灯，造成严重的光污染，增加了建设成本和能源消耗。

城市景观照明没有结合城市功能和景观资源特征，不分主次，没有重点，盲目追求大规模、高亮度、多色彩，在城市中大量使用大功率投光灯、激光等。尤其是被群众称为政府形象工程的项目，几乎每条道路临街建筑、绿化全部亮化，加剧了能源消耗，甚至出现"建得起，用不起"的现象。由于后期维护管理不到位，不仅起不到美化城市的作用，而且白白浪费了有限的资源。

由于多头管理体制等因素，功能与景观照明互不协调，各自为政。在以功能照明为主的机动车道路上，盲目增加景观照明，或以景观照明灯具替代功能照明灯具。在功能与景观照明需要共同规划设计、相互协调的区域，如商业中心区、广场、公园等公共空间，忽略了景观照明的功能性，功能与景观照明规划设计缺乏关联和优化。上述做法直接加大了能源消耗，增加了光污染，而且加剧了城市间相互攀比，越做越亮的错误趋势。

规划缺失是造成我国现状城市照明问题的重要因素之一。缺乏科学、系统的城市照明规划在宏观层面的统筹协调和微观层面的具体指导，导致城市照明目标导向不清晰，原则与方法不恰当，实施措施有失偏颇。造成城市照明建设和管理的无序。

城市规划是政府调控城市空间资源，指导城乡发展与建设，维护社会公平、保障公共安全和公众利益的重要公共政策之一，是城市构建理性发展秩序的必不可少的工作环节，城市照明规划是城市规划中的新兴领域，是在城市照明建设领域快速发展的背景下，近几年才提出的城市规划中的一项专项规划，目前大多数城市尚未编制完成，已完成的城市中存在着以景观照明、照明技术为主，功能性、强制性内容不足，与城市规划整体关联性不足等问题。做好城市照明规划编制工作是进一步落实科学发展观，建设“资源节约型、环境友好型”社会，促进绿色照明和节能降耗工作在城市照明领域开展，使城市照明事业可持续发展的重要保障。

1.1.1 解决现状问题，促进行业发展的需要

20 世纪 90 年代后期，随着我国社会经济的持续快速发展，人民生产、生活水平稳步提高，城市建设日新月异。城市道路交通的发展建设带动了以道路照明为基础的功能照明的发展，经济、文化和旅游产业的繁荣带动了以城市夜景为核心的景观照明的发展。城市照明建设在总体规模、项目数量和质量等方面走上了全面、快速的发展道路。从目前我国照明行业发展的实际情况出发，在取得了相当经验和成绩的同时，也面临着许多问题，急需研究解决。

城市照明有着自身行业发展的特点，它是依附于城市建设而发展的行业。对城市建设不了解，就无法安排自身的行业发展规划。以往每五年编制的“国民经济发展计划”已更改为“国民经济发展规划”，一字之差，体现了规划在时间和空间上的前瞻性、理论上的系统性、多领域的综合性、实施中的连续性，减少了主观意识作用，强化了宏观统筹以及全面协调的作用。

我国现行照明行业的管理体制，存在着多头管理、条块分割的现象。获取城市规划的信息渠道不通畅，各部门之间缺乏有效的沟通，对城市规划建设与行业发展相结合的前瞻性不足，较难合理地制定自身发展规划，工作的主动性大大降低。工作的开展较为被动，存在着相当的滞后性。

由于缺乏规划指引，在统筹安排行业发展、协调各部门、各方面工作中缺少系统性和综合性，往往仅关注于局部具体项目，忽略整体布局和综合协调发展。在实际工作中缺乏总揽全局的规划指导，“头痛医头，脚痛医脚”，常常处于被动状态，目标导向极不清晰，忙于应对日常事物，缺乏对自身行业总体发展的构想和实施策略，执行政策和实施策略的连续性不足。存在着相当多的短期行为。

由于自身行业发展目标的不清晰，容易出现形象工程、临时工程、长官工程的影子，主观能动性得不到发挥或发挥得不恰当，很难客观地、实事求是地应对问题。不顾自身条件的差异性，各地间盲目攀比。面子工程考虑多，老百姓实际最需要解决的问题考虑少。新建工程考虑多、旧改问题考虑少。甚至会出现同一区域景观照明建设装了拆、拆了装，换领导就换照明的现象，而最为基本的道路照明尚未做到全覆盖。也有相反的情况，有些确实需要建设的项目，由于没有规划，项目迟迟不能立项审批，在资金等方面没有保障，尤其是后期维护费用，往往无法落实，或被新建项目占用，无法体现资源合理配制。发展目标不清晰，不明白该做什么，更谈不上有准备、按步骤地实施。

1.1.2 发展绿色照明，落实相关政策的需要

1991 年，美国环保署首次提出绿色照明概念。绿色照明是指通过科学的照明规划设计，采用效率高、寿命长、安全和性能稳定的照明电器产品，改善和提高人们工作、学习、生活的条件和质量，创造高效、舒适、安全、经济、有益的环境，并充分体现现代文明。

1993 年，国家经贸委等 13 个部门制定了《中国绿色照明工程计划》。1996 年，绿色照明被列入“九五”重点节能项目，并成立了协调领导小组。1996 年 9 月国家经贸

委发布了《中国绿色照明工程实施方案》。1997 年 11 月，国务院颁布《中华人民共和国节约能源法》。从立法的高度，阐述了节能的意义、作用和重要性。

2000 年 3 月，国家经贸委、建设部、质量技监局联合发布《关于进一步推进“中国绿色照明工程”的意见》（国经贸资源〔2000〕223 号），提出进一步提高认识，加强领导；完善标准，制定办法，规范市场，强化监督和管理；采取有效措施、加快高效照明电器产品的推广应用。从照明行业管理，尤其是电器、光源、灯具节能等方面提出明确要求。

2004 年 6 月，建设部印发“关于实施《节约能源——城市绿色照明示范工程》的通知”（建城〔2004〕97 号），首次提出在全国范围内开展《节约能源——城市绿色照明示范工程》。明确了活动的范围和具体项目、项目申报条件、程序、标准及具体操作办法。具体指导并推动了绿色照明示范工程的建设和评选工作。

2004 年 11 月，建设部、国家发展和改革委员会联合发布《关于加强城市照明管理、促进节约用电工作的意见》（建城〔2004〕204 号）。提出充分认识加强城市照明管理的重要意义；明确城市照明工作的原则和主要任务，强化城市照明规划的指导作用；切实抓好城市照明的节约用电工作；积极稳妥地推进城市照明管理体制改革；建立健全城市照明法规和标准体系；加强城市照明建设市场管理。第一次提出了城市照明规划的指导作用，并明确要求各城市应在 2008 年以前完成城市照明专项规划的编制工作。同时，作为推广绿色照明的技术标准支撑，第一次提出了城市照明标准体系的制定问题。

2005 年 8 月，建设部发布《关于进一步加强城市照明节电工作的通知》（建城函〔2005〕234 号），提出切实提高对城市照明节电工作的认识；进一步做好城市照明的规划设计和建设管理工作；在城市照明建设与改造中，要保证以道路照明为主的功能照明，严格限制装饰性的景观照明；大力推广节能新技术、新产品，努力降低城市照明电耗；积极开展城市绿色照明及节电改造示范工程，加快建立健全城市照明标准体系；加大城市照明节电宣传力度。再一次强调各地要从实际出发，坚持以人为本、突出重点、保证功能、经济实用、节约能源、保护环境的原则，抓紧编制城市照明专项规划，对不符合城市发展需求和节约用电、保护环境原则的城市照明专项规划，要抓紧进行修改完善。同时，首次明确了城市照明以功能照明优先的原则，严格控制非功能照明的建设。并且进一步提出尽快编制《城市照明规划规范》，完善《城市道路照明设计规范》、《城市道路照明施工及验收规范》，加快制订《城市夜景照明设计规范》。从规划、设计的标准建立入手，逐步形成绿色照明系统构架。

2006 年 3 月，《中华人民共和国国民经济和社会发展第十一个五年规划纲要》中，再次将绿色照明列为“十一五”重点节能项目之一，明确提出了节能目标。

2006 年 7 月，建设部发布《“十一五”城市绿色照明工程规划纲要》（建城〔2006〕48 号），在持续推进城市绿色照明工程的重要性，“十一五”绿色照明工程指导思想、遵循原则和主要目标，工作重点以及保障措施等四个方面做了进一步具体部署。

在“指导思想和遵循原则”中，提出立足科学发展，建立健全政策、法规、标准，规范市场竞争，完善管理机制，规范规划、设计、建设、验收、养护、监控、器材、销售等管理环节。第一次明确了绿色照明工程的系统框架，首次将规划、设计提至系统工程的首要位置。

在“主要目标”中，明确提出在城市照明建设、改造过程中，全面推行专业管理机构规划、设计论证、专项验收制度；2008 年前，完成城市照明专项规划编制。

在“工作重点”中，明确提出加强法制建设，理顺管理体制，完善规划、设计、施工、材料、验收、安全等方面的监管内容，配套完善实施细则；对城市照明规划设计、施工图文件实行动态管理、协调管理、严格执行“三同时”制度；在规划立项、方案设计、建设改造、验收检测、器材选用等各环节中，建立完善联动协调的工作机制。抓好专项规划编制工作，抓紧编制城市照明专项规划，2008 年全面完成，做到合理布局，主次兼顾，重点突出，特色鲜明，明确节电的指标和措施，对不符合城市发展需求和节约用电、保护环境的城市照明专项规划，要抓紧修改。全面推行规划评审和规划管理，突出城市照明专项规划引导资源节约的前瞻性和权威性的作用，从源头上把好资源节约和有效利用关。从严确定规划强制性内容，并实行长效管理。首次明确了城市照明规划的地位和作用，将城市照明规划作为重中之重，是绿色照明工程的“源头”和“龙头”。

从绿色照明十余年的发展进程，国家层面出台的 10 余项相关政策、法规、文件，以及各地方政府、行业主管部门出台的几十项相关规定文件中，可以充分地体现出党和国家对绿色照明和节能降耗工作的高度重视。研究解读上述系列文件的精神，可以发现无论是从法律法规、标准制定、规范编制、技术进步、科研投入、管理体制等各方面，都给予了从宏观到微观的具体指导。

在法律层面，将节约能源上升到国法——《中华人民共和国节约能源法》，各地方从无到有，出台了一系列相关法规，且从综合性法规向专项法规过渡，进一步强化了绿色照明、节能降耗的法律地位。

在宏观层面，国家经贸委先后出台《“中国绿色照明工程”计划》及《“中国绿色照明工程”实施方案》。在《中华人民共和国国民经济和社会发展第十一个五年规划纲要》中，再次将绿色照明列为“十一五”重点节能项目，提出了近期的节能目标和发展方向。

在微观层面，建设部于 2000 ~ 2006 年先后出台了五个重要指导性文件。首次较完整地提出了绿色照明系统工程构架。关注重点从产品节能、末端管理向系统节能和前端规划设计转移，在绿色照明体系中，将“规划”放在首位，明确了城市照明规划在引导资源节约的前瞻性和权威性作用。因此，如何做好城市照明规划，是绿色照明、节能降耗工作的源头，起着“牵一发、动全身”的“龙头”作用。

1.2 城市照明规划的相关定义

为了更好地理解城市照明规划及其作用，首先对所涉及的术语进行定义和解释。

1.2.1 相关定义

城市照明：指在城市规划区内城市道路、隧道、广场、住宅区、公园、公共绿地、名胜古迹以及其他建（构）筑物的功能照明或者景观照明。

功能照明：指通过人工光以保障人们出行和户外活动安全为目的的照明。主要包括道路照明、与道路相连的特殊场所照明和指引标识照明。

景观照明：指在户外通过人工光以装饰和造景为目的的照明。主要包括建（构）筑物、广场、道路和桥梁、园林绿地、名胜古迹、山体、水景、商业街区、广告标识及其他公共设施的装饰性照明。

城市照明规划：指一定时期内，城市照明布局、建设、管理的原则指导与综合部署。

1.2.2　名词解释

上述名词定义主要表达了两个层面的含义。首先是城市照明，由城市功能照明和景观照明两大部分组成。这两大部分之间既有区分又有内在的相互联系。功能照明主要是指道路照明、与道路相连的特殊场所照明和指引标识照明。道路及与其相连的特殊场所是指城市道路、桥梁、隧道、地下通道、广场、公用停车场等交通设施。指引标识包括交通标志与公共信息标识。如道路交通的标志标牌、以政府名义发布信息的标志和标识等，不包括商业广告，是保证人们夜间出行安全、便捷地获得公共信息的照明。

城市景观照明是为城市夜间景观服务、以装饰性为主的照明。照明对象更加广泛，几乎涵盖城市建设中的所有对象，山、水、建筑、绿化、小品，包括广告标识等，是为了使人所在夜晚能感觉城市肌理和细节的照明，是在功能照明的基础上的强化、补充和美化。

功能照明是刚性需求，其发挥的作用是保障作用，是城市照明主体，不可或缺。景观照明是弹性需求，其作用是锦上添花，是构成城市夜景景观的重要途径，两者之间应是相互渗透、互为补充。功能照明本身也有景观性，是城市夜景观的骨架和基础，景观照明自身有其功能性，是城市夜景观的肌理和载体，两者之间的区分在于发挥作用的比重不同，两者的叠加即是城市照明的总体构成，涵盖了涉及城市照明的所有空间领域和物质对象。

城市照明规划是指针对城市照明而进行的规划，是对城市照明在城市建设中的空间布局、发展目标和原则、实施策略、分期建设、管理维护等方向进行宏观原则指导和综合部署，以及微观定性、定量分析，是指导城市照明建设发展的最高层次的纲领和依据，是在城市规划指导下、城市照明领域的发展策略和实施计划，对城市照明建设具有重要的指导意义和作用。

1.3　城市照明规划与照明设计

1.3.1　发展背景

照明设计的发展已有了相当长的历史，白炽灯的发明标志着人工可控光的应用进入了新的时代，照明设计随着光源、灯具、控制系统等相关技术的发展而逐步完善。

首先是针对人类夜间活动最集中、使用频率最高的建筑室内空间场所，即建筑照明设计，然后是室外需求最多的道路照明设计，有了相对完善的实践经验和设计标准。各个国家以及国际照明委员会针对上述两大领域的照明设计提出了相关的推荐标准或设计标准，形成了较为成熟的设计标准应用体系。

城市照明规划是伴随着我国经济快速发展、人们夜晚活动的时间大大延长、活动空间不断拓展，尤其是商业、文化，旅游产业的发展而产生的，是在开展绿色照明、节能降耗等相关政策的指导下，跨学科、多专业、综合性的城市专项规划，是由照明设计衍生并与城市规划相结合的新兴领域。目前尚处于研究与探索阶段，尚未形成完善、成熟的体系和标准。

1.3.2 研究对象

照明设计针对的对象主体明确且单一，是具体的建（构）筑物、道路，或特定空间中的载体和具体对象。设计对象的物质层面的前提是确定的，其空间尺度相对较小且确定，数量级为米、平方米。

照明规划的设计对象是“面”，是城市或城市的片段，是由具体已有的或未来规划建设的建（构）筑物以及城市其他元素组成的非特定空间，其物质层面的对象和前提是确定或不确定的，空间尺度上远远超越设计尺度。设计对象的数量级为公里、公顷、平方公里。

城市照明规划更加关注于照明在室外公共空间的表现力和影响力，当对象扩大到城市时，如果仍沿用照明设计的技术和方法，工作会无从下手或顾此失彼。

1.3.3 研究方法

照明设计的对象是确定的，是现实存在或已经确定不会变化的，其研究方法可以通过准确的定量计算实现，而城市照明规划的研究对象是庞大的、复杂的或是可能变化的，其研究方法偏重于定性分析，也可通过定性与定量相结合的方式，对宏观总量进行预测或估算。

1.3.4 受众对象

照明设计服务对象主要是其使用者，其承担的功能与提供的服务可以是开放的也可以是闭合的，其影响范围是相对有限的局部。只有当照明设计扩展到室外公共空间时，其行为才由私有、封闭的，转向公共、开放的，体现出对公共空间的影响力。

照明规划是公共政策，是政府行为，是城市发展规划在城市照明领域的体现，其受众对象是存在于城市中的所有个体，是服务于大众的公共资源，建立在更高层次的公共平台上。

1.3.5 相互关系

城市照明规划的标准体系是在照明设计的经验和标准体系基础之上逐步建立起来的，其研究方法与编制思路也借鉴了照明设计中的方法和技术手段，可以说在某种层面上，城市照明规划源于照明设计，并在其基础上发展创新。涉及社会、经济、文化及城市建设等更多领域、更高层次。

光的应用有着其特殊性，是可以跨越建筑红线、道路红线，而对城市公共空间产生影响。城市照明规划是对照明在城市背景下的空间管制规划。对于城市而言，理想状态下，首先有城市照明规划在公共空间布局与规划的宏观指导，然后针对公共空间中的具体对象进行照明设计，即城市照明规划是照明设计的前提和依据，也是服务于具体的照明设计。照明设计的经验和标准也不断地为城市照明规划提供技术支持，两者之间相互促进、共同发展。

1.4 城市照明规划与城市规划

1.4.1 附属性

城市照明规划是城市规划序列中的新成员，是城市规划不断丰富、自我完善的产物，城市规划可以划分为综合性规划和专项规划两大类。综合性规划如城市总体规划，

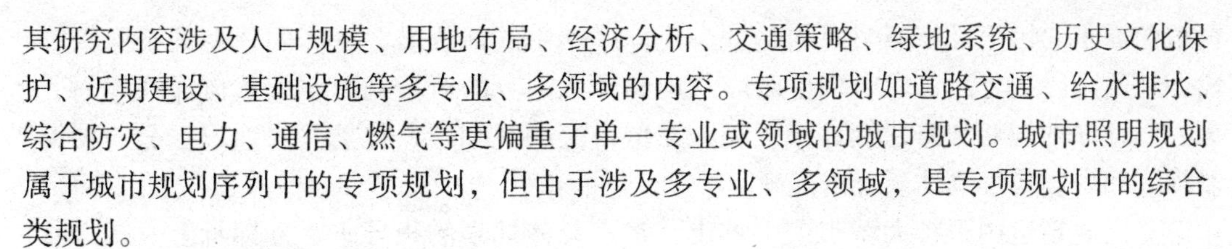

其研究内容涉及人口规模、用地布局、经济分析、交通策略、绿地系统、历史文化保护、近期建设、基础设施等多专业、多领域的内容。专项规划如道路交通、给水排水、综合防灾、电力、通信、燃气等更偏重于单一专业或领域的城市规划。城市照明规划属于城市规划序列中的专项规划，但由于涉及多专业、多领域，是专项规划中的综合类规划。

1.4.2　一致性

城市照明规划是以城市总体规划为依据进行编制，因此，在其规划定位、发展目标、规划原则、实施策略与步骤等方面与城市规划保持高度的一致性。城市照明规划必须符合城市总体规划对城市的定位，根据城市性质与发展目标确定城市照明的发展目标，二者之间必须协调一致，否则，要么不能满足城市建设发展需求、滞后于城市发展的步伐，要么脱离现实、不切实际，是无法转化为现实的幻景。

1.4.3　综合性

城市照明规划虽属城市专项规划序列，但由于照明规划的特殊性，涉及光学、电气、建筑、美术、艺术、环境等多专业、多领域，是综合性极强的专项规划。城市照明规划涉及城市规划中的诸多领域，与城市总体规划、道路交通、供电规划、绿地系统、生态环境、历史文化保护、商业网点规划，旅游规划等相关规划关系密切、某种程度上是服务于上述规划或与之互动的，其研究方法必须是综合性、全方位的。尤其强调协调和统筹的功能和作用。

城市照明规划与城市规划中的城市设计关系尤为紧密。照明规划中的许多规划理念和设计方法都源于城市设计，虽然城市设计未列入法定规划层次，但其在城市空间形态塑造和处理人与城市相互关系等诸多领域发挥着重要的作用，城市照明规划在某种意义上就是夜晚空间背景下的城市设计，也是城市设计意象在夜晚空间的表达。

1.4.4　特殊性

由于城市照明规划概念提出的时间较短，其理论基础与实践经验都处于探索和发展阶段，与城市规划其他领域相比，尚需进一步完善和充实，如规范、标准体系的建立、研究对象与方法的确定、相关法律法规的制定、作用与地位的明确等，既有技术层面的内容，也有行政管理层面的内容，还有大量的工作有待完成。但规划编制的必要性、迫切性、重要性是无需质疑的。由于我国地区发展的不平衡，如何编制好城市照明规划，让照明规划在指导城市照明建设中发挥重要作用，尚需各城市各部门针对自身条件与发展目标做好充分的工作。

1.5　城市照明规划结构和内容

1.5.1　编制对象

城市照明规划的编制对象是按国家行政建制设立的市，目前我国共有 656 个城市，其中完成规划编制的城市并不多。大部分城市尚未编制或在筹备编制中。目前应加紧直辖市、省会城市和大中城市照明规划编制工作。

1.5.2　规划阶段

城市照明规划的编制分为城市照明总体规划与城市照明详细规划两个阶段。特大城市或大城市可在照明总体规划的基础上编制分区规划。两个阶段的划分是与城市规划阶段划分相一致的，同时考虑项目编制的可操作性以及从宏观到微观、全面、分步覆盖的需求。由于城市照明规划是城市规划序列中的新成员，许多问题尚处于探索阶段，在两阶段划分后，尚未严格对应总规和详规细分的阶段划分。如城市详细规划分为控制性详细规划和修建性详细规划，在城市照明规划中，目前并未加以区分，其编制深度和内容应视具体项目情况确定。

分区规划运用于特大城市或大城市，是在总体规划的指导下，发挥承上——“总规”，启下——“详规”作用的阶段性规划。编制深度和内容应视具体项目情况确定。

1.5.3 规划范围

可根据城市照明建设实际需要和发展要求，与相关行政主管部门协商确定城市照明规划范围。如果是针对全市的城市照明总体规划，应做到规划全覆盖，编制重点为中心城区。详细规划的规划范围确定应尽量保持功能单元的完整性。

1.5.4 规划期限

城市照明规划期限与调整周期，与城市总体规划期限保持一致。城市总体规划的期限一般为 20 年，调整周期一般为 5 年，对于一个偏向于实施性的专项规划，尤其在我国现状行业发展条件下，20 年周期多运用于远景规划，因此必须加强城市照明规划中近期建设规划的编制工作，同时及时跟踪城市规划的调整，做好城市照明规划的滚动修编工作。

1.5.5 城市照明总体规划

城市照明总体规划是对城市照明在布局、建设、管理等方面的总体部署与原则指导，涉及现状分析、规划布局、建设管理三方面内容，是城市照明建设的依据和纲领。侧重于宏观层面在城市照明发展定位、目标、原则和实施策略等方面的研究，主要包括以下 9 个方面内容：

总则（包括规划范围、依据、期限、规划定位、目标和原则）；

城市照明现状分析；

城市照明规划定位与发展目标；

城市照明空间结构与布局；

道路照明的分级和照明标准，交通设施的照明原则、指引标识照明要求；

景观照明布局及其规划要点；

城市景观照明体系、夜间活动组织；

城市照明节能与环保要求；

照明分期建设与管理建议。

1.5.6 城市照明详细规划

城市照明详细规划是针对一定区域或范围内，相对确定的规划对象进行的、偏重于指导实施方案的规划，是在城市照明总体规划指导下的深化和细化，侧重于微观层面的，更加明确具体，以量化指标体现的实施性规划，达到指导下一步方案设计阶段工作的深度，主要包括以下 7 个方面内容：

规划范围与制定详细规划的依据和原则；

照明现状分析；

确定道路和其他交通设施的典型布局和照明设计要求；

提出广告与标识照明方式与照明标准；

制订景观照明对象的照明策略，给出概念图式示例，确定照明技术指标；

景观照明区照明效果的协调与组织；

城市照明工程近期建设项目计划、整改对策、投资与能耗。

2　城市照明规划的重要意义

2.1　城市照明规划是城市照明发展方向的指引

2.1.1　城市照明规划的定位和目标

城市照明规划必须符合城市总体规划对城市的定位、与城市的历史文化、景观特征、经济和资源状况、居民生活习惯与心理需求相协调。根据城市性质与发展需求，考虑城市经济基础和技术水平，确定城市照明发展目标，体现与人和自然环境的和谐友好，促进功能照明和景观照明的协调发展。

2.1.2　城市照明规划目标与城市照明发展方向

对一个城市而言，其城市照明规划定位和目标的制定实质上就是确定该城市的城市照明发展方向。从另一个角度，也可以说城市照明发展方向可以通过用高度概括的语言进行表达的城市照明规划目标来体现，两者的核心内容是协调统一的。规划编制必须与城市规划和照明行业主管部门等充分沟通，共同制定规划目标。目标的制定是统领城市照明发展的关键，起着指南针的作用。必须关注目标的针对性、可达性、确定性、可考核性等几方面。

要实事求是地针对现状问题、经济基础条件、地方特色，制定适合自身情况的发展目标，每个城市都有特定的照明行业发展背景，经济发展水平各不相同，历史文化与自然资源各有特色，居民生活习惯也存在差别，只有加强针对性研究，才能做到科学发展、实事求是，体现差异性和地方特色。

不是每个城市都是区域中心、国际化大都市、历史文化名城，应根据自身经济发展水平，制定在规划期限内能够实现的目标，尤其应该重点关注近期建设目标的可实现性，重点突出特色。

规划有软的定性目标，也必须有硬的定量目标，有些甚至是刚性的强制目标，必须明确表达，如功能照明的相关标准、景观照明布局和能耗标准、节能及环保标准等，目标的明确有利于在实践中分解、细化、落实。

城市照明规划制定的目标，分为长远发展目标和近期建设目标，关键在于目标分解和实施保障措施的建立，使城市照明规划远期目标指引城市照明发展、近期建设目标能够实实在在地指导照明建设工作，而不仅仅停留在理论和图纸上。

2.2　城市照明规划是城市照明可持续发展的保障

2.2.1　与城市规划相协调的原则

首先，城市照明规划必须以城市总体规划为依据。城市照明规划是城市规划序列中的一个专项规划，无论是总体规划阶段还是详细规划阶段，其规划依据就是其上位规划——城市总体规划。从另一个角度看，城市照明规划是在城市照明领域实现总体规划所确定的发展定位、目标和原则，因此对城市总体规划的研究与理解是城市照明规划的前提。

其次，城市照明规划应与城市设计、城市电力规划、城市交通规划、城市商业网点规划、城市旅游规划、城市绿地系统规划、历史文化名城（或历史文化保护区）保护规划及其他相关规划相互协调。作为专项规划中的一项，与其他各专项规划应在布局与内容上相互协调补充。在实施过程中，照明建设与城市电力、交通、商业、旅游、绿化等各方面的发展建设密切相关，应在规划、设计、建设、管理的过程中全面协调配合各方面的发展建设。

2.2.2 节约能源、可持续发展的原则

根据城市自然地理环境、人文资源、经济条件、城市照明现状以及国民经济和社会发展趋势，综合考虑城市照明在社会、经济、环境等方向的效益，指导并全面安排城市照明建设。注重节约能源、防止光污染、保护生态环境，促进人居环境的改善和城市照明的可持续发展。

根据我国的实际情况、各城市间在自然、社会、经济发展、生活生产水平、人文特色等方面均有着较大的差距。地区间发展不均衡，规划编制必须从实际情况出发，杜绝盲目攀比，从最需要解决的问题入手，根据自身发展的优势和不足，首先解决有无问题，然后解决好与更好问题。科技日益进步、社会经济高速发展、社会文化及生活方式不断更新，我国的资源总量和人均占有量日趋紧张，照明规划必须重点强调节约能源、防止光污染、保护生态环境、促进人居环境的改善，落实和强化系统的绿色照明理念，实现节能降耗和行业的可持续发展。

2.2.3 功能与景观照明协调发展的原则

优先发展城市功能照明，合理确定城市景观照明规模，推动功能照明与景观照明协调发展，保护及合理利用人文与景观资源，创造安全、舒适、优美具有地方文化特色的城市夜间环境。

功能照明是城市照明的基础和骨干，是保证夜晚城市交通、生产、生活安全和高效的基础设施，是城市照明中应首先解决的基本核心问题。在功能照明完善的基础上，适度地确定城市景观照明规模，在保障夜间城市正常秩序的前提下，关注城市照明的文化艺术表现，处理好局部与整体、传统与创新、常规与特色的关系，进一步提高城市照明的文化内涵。

2.2.4 实事求是、突出特色的原则

城市照明规划必须从现状城市照明发展情况出发，定位合理准确、目标清晰、保护和合理利用人文科学资源，创造安全、舒适、优美具有文化特色的城市夜间环境。

全面客观地分析现状存在的问题，尊重行业发展历史，实事求是地面对。从自身条件出发，充分考虑经济技术发展水平，不可过分强调“高、新、特”，不盲目攀比，充分发掘地方特色，重点关注人文历史、自然城市景观资源，突出重点，在特色创造与表现上下工夫，处理好实用与美观、传统与创新的关系、提高文化内涵和品位，关注规划对象的特征研究，关注使用对象的行为研究，切忌千篇一律，简单重复，照搬照用。充分展现人文特色、景观特色、城市特色。

2.3 城市照明规划是城市照明建设的重要依据

除规划目标和原则的制定外，城市照明规划还包括现状照明分析和照明规划方案两大部分。现状照明情况的调查和分析既是编制规划方案的基础，也是对过去城市照明建设工作的回顾与评价，而照明规划方案编制是在总结过去经验和不足的基础上，为今后照明建设发展提出具体构想与实施措施。

2.3.1 总结过去——城市照明现状分析

城市照明规划工作中的城市照明现状分析，实际上就是对现状城市照明建设情况的客观评价，也是对一定时期内城市照明建设工作的回顾和总结，包括基础资料调查和分析两个阶段。调查内容涉及行业内部和外部相关信息两个层面。城市照明行业内部的调查内容包括现状城市照明的布局、照明对象的照度、亮度与光色状况、照明设施的类型等，具体包括城市功能照明、景观照明、环保节能、维护管理四大部分。

功能照明包括主要城区道路、与道路相连的特殊场所的亮度（照度）水平、光色分布、夜间指引标识系统设置状况、灯具布置方式、光源种类、功率、灯杆类型、供电电源网络等。

景观照明包括建（构）筑物、公园绿地、公共空间、广场、公共艺术品照明的现状情况，包括色彩、光源、功率、照明方式、主观感受等。

环保节能方面主要包括光污染状况调查、照明能耗情况、已采取的节能环保措施及其实施效果。

维护管理方面包括照明设施维护状况、系统控制与系统管理建设、管理模式等。

上述四个方面调研内容几乎涵盖了城市照明建设的核心内容，可采用典型调查和统计计算相结合的方法，将统计数据进行筛选、存储、整理、汇编、编制完整的现状照明调研报告，建立城市照明建设档案。

对现状资源和使用情况做到心中有数、客观地评价现状照明建设的优势与不足，才能为今后的工作提供借鉴的经验。

行业外的相关资料调研包括人文与经济状况、自然资源、城市发展相关资料三方面。

人文与经济状况调研内容包括：历史与文化、历史沿革、文物、胜迹、历史与文化保护对象及地段。商业与旅游发展方面包括城市旅游、餐饮、购物、娱乐等设施的布局及相关资料。夜间活动方面包括城市交通、商业、休闲活动的主要区域与路径、时间和空间分布等。

自然资源包括：地理条件，指城市地形地貌、山脉水系、自然制高点等。植被条件，包括主要树种、植被特点、园林绿化情况等。城市结构，指城市形态特征、空间结构等。

城市发展相关资料包括相关城市规划，如总体规划、交通规划、旅游规划、城市设计、景观规划等。建设计划如重点项目建设计划、旧城区改造计划等。

上述这些外部相关资料表面上看与城市照明建设并未直接产生联系，但正是在城市规划的统筹协调下，充分考虑城市照明发展的前瞻性、系统性、协调性，实际上与上述外部内容关系极为密切，往往正是由于缺乏对这些行业外部资料的收集与了解，造成现状工作中的很多不足和困难，这也是为科学编制照明规划提供基本的依据，同时进一步强化了城市照明建设发展的最终目标，满足人民生产生活要求，提高物质文明和精神文明建设水平，促进经济社会和谐发展。

2.3.2 展望未来——城市照明规划方案编制

城市照明规划方案的编制实际上就是制定城市照明建设的远景蓝图和近期实施计划，明确城市照明的建设内容和如何进行建设。

（1）城市照明规划分区、结构和布局

首先是城市照明规划分区，综合考虑城市区域的功能属性、环境特征和景观资源，对城市照明进行合理区划。分区应尽量保持城市原有的自然、人文、城市功能等单元界限的完整性。进行照明规划分区是为了使众多的照明对象有适当的对应关系，以便针对照明对象的属性和特征进行合理的规划设计，有利于突出照明对象的区域特点，形成城市照明的整体特征，使于实施建设和管理。

城市照明规划分区实际上明确了照明建设中的针对性、标准性和特色性，而这些恰恰是现状照明建设最容易忽视的问题。“全面亮化、遍地开花”就是缺乏针对性的体现，不同分区采用不同的规划原则和建设标准，同一分区尽量采用相同的照明规划原则和建设标准，针对不同分区强调不同特色，而不是一味的“求变、求新”。

城市照明规划结构是科学组织各类照明对象、针对照明对象的特点和作用进行合理的规划配置，调整优化城市照明各要素间的关系。

根据城市照明发展目标、城市景观特征和城市夜间活动规律，确定总体规划布局。合理组织点、线、面等夜景观结构要素，清晰体现城市空间意象，形成夜景观的观赏序列，构成主次分明的城市照明体系。

城市照明结构和布局实际上明确了照明建设的主要范围、建设重点、建设规模及不同的建设标准，并且进一步强化了照明建设的系统性，突出重点、层次分明，正确处理局部与整体、主要和次要的关系，使城市照明建设步入目标明确、有序、合理的程序中。

（2）城市功能照明规划

城市功能照明主要包括道路照明、与道路相连的特殊场所照明和指引标识照明。道路及与其相连的特殊场所道路与附属交通设施照明对象是指城市道路、桥梁、隧道、地下通道、广场、公用停车场等交通设施。指引标识照明对象主要包括交通标志与公共信息标识。

道路照明规划确定各级道路的亮（照）度水平和光色分布，以城市规划中所确定的道路等级为依据，结合当地实际情况及行人、车辆活动特点，确定道路的照明等级，从平均亮（照）度、均匀度、眩光限制、诱导性四个方面综合考虑照明等级的划分。充分考虑不同地区的自然条件、生活习惯、城市风貌及人的感受，确定光色分布。

提出道路照明设施选择的原则与要求，道路照明设施的典型布局以及对道路照明控制和节能的建议，对城市主要道路交汇区和交通设施的照明标准、照明方式和控制方式提出规划指引。

道路照明等级的划分是城市道路照明建设标准体系建立的前提，虽然国家已有了明确的道路照明设计标准，但是在实施过程中，同类型、同级别的道路照明设计不同、建设标准不同的现象十分普遍，通过道路照明分级控制可以统一道路照明的建设标准，在满足国家道路照明设计标准的前提下，针对不同道路断面提出适合地方特点的典型布置方式，同一级别的道路在灯具、光源、杆型、杆高、间距、功率等方面尽量保持一致，避免每条道路都求新求异。逐步实现道路照明设施的标准化、元器件的互通化，为政府采购、维护管理提供极大的便利，同时可以节约大量的建设和维护资金，有效地执行功率密度等强制性标准规范，严格控制能耗指标。

（3）城市景观照明

城市景观照明是近年来发展最快、争议最多、存在问题较多、能耗较严重的领域，各地的“亮化工程、光彩工程、景观工程”大多是针对城市景观照明进行的，虽然有不少成功的案例，但大多数的景观照明缺乏系统性，布局混乱。一哄而上、遍地开花的现象十分普遍。

根据城市空间结构、功能布局以及文物保护和环保节能等方面的要求，进行城市景观照明区域划分、线络分类、标志与节点的选择。针对不同的景观照明区域，根据其特性提出相应的照明策略，包括对照明对象进行分类、提出规划要点、对历史文化保护区、风景区、生态保护区等特殊区域应单独规划。

景观区划实际上指明了城市景观照明建设的区域和标准，明确了哪些地区可以做，哪些地区不适宜做，哪些禁止做。不是所有的景观都需要照明，需要照明的景观也不能按相同的标准、方式进行建设。区划对城市具有全覆盖性，照明策略、方案与各分区的性质相适应，包括对建筑物、植物、水景等照明载体的选择、区分照明载体类型，有针对性地提出适合各自特征属性的规划要点。对历史文化街区、历史文化遗迹等，其照明应符合历史文化保护规定，对风景区、生态保育区等应慎重进行照明建设，如需要须经单独论证。

景观照明区划明确了景观照明建设的覆盖面及重点区域，以及不同区域的建设标准和方式，具体落实在照明线路、标志与节点的选择上。

景观照明线路是接连各分区，或分区内部具有一定景观价值的道路景观照明，是以城市空间形态和临街地块的使用功能为主要考虑因素，对沿街主要视觉界面进行分类，提出适当的光色、照明水平、照明设施的规划指引。景观照明线路实际上是道路照明与道路两侧的建筑、绿地、公共空间等照明的综合体，是城市夜间的主要视觉走廊和观景路线，是城市照明建设的重点路径。不是城市中的所有主干都是景观大道，也不是所有道路两侧的建筑和公共空间都需要做景观照明，景观照明线路的确定，明确了照明建设的重点路径，理清了沿街立面照明和公共空间照明的层次和重点，解决了景观照明“线”的问题。

标志和节点的选择是解决城市景观照明建设中“点”的问题，选择具有视觉标志性建（构）筑物或夜间活动密集的场所，分级提出照明要求，标志性建筑可帮助夜间定向定位，同时可使城市夜间形态完整、重点突出，不同级别的标志与节点照明方式与水平是不相同的，在确定分级中，尤其要关注城市设计所确定的城市形态、空间结构、密度划分、建筑意象等，做到与城市设计密切结合。

标志和节点的确定明确了照明建设的重要对象的具体空间载体，在景观照明中起着“画龙点睛”的作用，是景观照明最核心、最精华的部分。

景观照明对象主要是城市开放空间景观要素，包括建（构）筑物、绿地、广场、步行系统、水景、环境小品等，在分析照明对象景观特征的基础上，评估其景观价值，制定照明对策、确定照明等级、提出照明指标，包括亮度、光色特性、照明功率密度等。在亮度、光色上，主次分明、富有层次，既要相互协调，又突出重点，把个体照明对象、景观节点、景观视线和景观区域有机地组织成点、线、面相结合的景观照明体系。通过单体对象景观价值评价与分类，合理确定景观照明对象的种类、数量、特点、空间关系、使用频率等，做到照明方式方法恰当，重点突出，与周边环境良好融合。

景观照明体系的构建进一步明确指导照明建设中的具体对象，更加强调各单体对象间的相互作用与联系，做到有明有暗、张弛有度，避免景观照明越做越亮，盲目扩大规模。

景观照明体系的构建有利于发挥照明建设在促进城市商业、文化、旅游观光、休闲娱乐等相关产业发展的作用，实际上也是城市照明建设的重要目的。

2.4 城市照明规划是加强城市照明管理、节能降耗的有力手段

2.4.1 科学规划有助于提高城市照明管理水平与效率

城市照明规划是城市照明管理的重要依据和基础工作，在日常设施维护、整治与改造工程、新建项目管理中，发挥着重要的指导作用。

通过规划现状调研，编制完整的档案资料，采用表格、图纸的形式，将城市照明历史建设情况数字化、图形化，并且随着照明建设与发展不断完善、滚动修编，可以大大地提高管理维护的主动性和及时性。根据现状调研编制的重点整治规划，可以进一步清除“有路无灯、有灯不亮”等管理环节出现的问题，也是往往被忽略的最基本的百姓最关心的问题。整改周期规划可以提前安排已建项目的维护改造工作，很好地协调道路改造、旧城改造中照明建设更新问题。照明设施标准化的制定，可以大大减少管理维护环节的工作量，逐步实现标准设施的互换通用，减少材料备用、技术培训、施工工艺等诸多方面的投入，极大地节约管理成本。

照明规划提出的先进管理技术，如数字化平台的建立，资源共享基础上可视化管理与监控，数字定位综合信息系统等，可以极大地提高管理效率以及处理应急突发事件的能力，协助解决照明日常管理中的监控、防盗、运行情况实时传送等常见问题。

城市照明近期建设规划是落实近期重点建设项目，分阶段实施规划目标的重要环节。从功能的必要性、实施载体的可行性和投资的经济性多方面评估建设时序，将照明建设管理从后端直接引入项目建设的前端，参与近期建设规划的制定，充分发挥管理在照明建设中的作用，确定具体建设项目对象、建设规模、布局、投资估算和管理措施，改变了往往重建设轻管理的局面。尤其是在投资估算中，除了包括工程初始投资、设备使用损耗外，还有日常能源消耗，以及节能设备、智能化控制系统等方面的资金投入，做出建设、维护和长效管理的投资估算，确定照明方式、手段和控制办法，避免出现“建得起，用不起”、“有人建，没人用”或不断追加项目投资的情况，将城市照明建设管理与照明规划紧密结合，可以大大提高管理能效，结合不同城市的管理特点，满足可实际操作的需要。

照明规划提出的管理模式和体制改革的建议，可供地方政府结合地方实际情况，进一步理顺照明建设、管理、维护、运行各环节间的关系，进行管理模式和体制的改进，逐步取消多头管理，实现建管分离、政企分离，推动照明建设维护市场化、专业

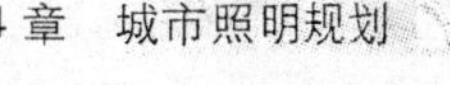

化的道路。当然，规划建议的改革应符合地方发展要求、实事求是，稳步推进。

2.4.2　城市照明规划的核心是绿色照明体系的构建与实施

城市照明规划始终贯彻节能环保的理念，除了在环保与节能篇章里具体阐述了节能环保的具体措施外，更重要的是将节能环保理念从以往的产品节能——末端节能，向规划理念指导——源头节约资源的高度转变。建立系统的环保与节能体系，即绿色照明系统。

在环保方面，了解城市照明产生光污染、光侵扰的原因，确定光污染、光侵扰的控制范围和标准，提出控制措施和整改方案。在风景旅游区、生态保护区加强项目建设的必要性和可行性论证，将照明环境影响评价放在首要位置，在规划中严格限制照明区域、亮度、色度，充分评估其对生态环境产生的影响，严格限制建设规模。

在照明设施和材料设备选择中，大力推广节能环保产品，严格限制可能造成环境污染的设备使用范围和数量，并逐步淘汰不符合环保要求的设备。

对于城市照明而言，最为环保的是不施加任何人工光源的黑夜本色，但这是不现实的，如何将人工光对自然环境和人的影响降至最低，同时充分发挥人工光的作用和价值，是依靠规划目标、原则的制定和城市照明总体布局与实施策略，将环保理念融汇到规划编制的城市照明建设的每一个环节。

城市照明规划目标和原则的制定都渗透了节约能源、绿色照明的理念，并在城市照明总体结构、分区与布局中充分体现城市规划协调统筹的作用。明确照明建设范围、重点和具体对象以及照明方式、方法、控制系统等，针对功能照明和景观照明提出能耗标准，提出分区、分时、分级的照明节能控制措施，推广应用高效节能的光源与灯具，优先发展功能照明，严格控制景观照明的数量和规模，从源头上剔除了可能发生的不适宜的项目，需要建设的项目做到主次分明、重点突出，在建设实施过程中，把有限的资金投入到能够实现照明效益最大化的项目中。

在照明规划中，标准体系的建立和统一对节约能源起着至关重要的指导作用，目前城市道路照明亮度和能耗值超出国家标准的现象十分普遍。在景观照明领域，由于缺乏统一的标准，更是失去控制，相互攀比，越做越亮，能源消耗所占的比重逐步增加，照明规划的指标体系和标准的建立有助于进一步指导具体照明设计，从设计标准上严格执行能耗标准，全面控制能耗水平。

在运行维护期，系统化的智能控制与管理系统的建立，是照明节能的重要措施，也是今后重点发展的照明节能领域。

城市照明规划明确了城市照明发展方向，为照明建设提供了依据和指导，具体体现在明确了照明建设“做什么、在哪做、怎么做”的关键问题，通过规划合理布局，从源头上实现节能降耗，通过对规划对象定性、定量分析和标准、体系的建立，指导照明建设的实际操作和节能降耗工作，在城市照明建设中发挥着重要的指导作用。

3　城市照明规划实践

为了更好地体现城市照明规划在指导城市照明发展、促进节能降耗工作方面发挥的作用，结合具体的城市照明规划设计案例，进行研究与探讨。内容包括城市功能照明规划设计、景观照明规划设计、生态敏感区照明规划设计，以及综合性城市照明规划设计等，从不同角度和层面进行探讨。

在城市功能照明规划设计方面，以《深圳市经济特区道路照明系统专项规划》为例，重点研究城市功能照明及系统安全问题。在城市景观照明规划设计方面，以《重庆市主城区夜景照明总体规划》为例，重点研究城市规划、城市景观与城市景观照明的关系问题。在城市生态敏感区照明规划设计方面，以《深圳湾夜景照明规划》为例，重点研究生态、人、城市及城市照明的关系问题。在综合性城市照明规划设计方面，以《中山市中心城区绿色照明专项规划》为例，重点研究城市照明、绿色照明、节能减排等问题。

3.1 规划理念指导、推广绿色照明——以《深圳经济特区道路照明系统专项规划》为例

为落实科学发展观，节约利用能源，推广绿色照明工程，在全国，深圳市率先编制了《深圳经济特区道路照明系统专项规划》，以先进的规划理念，指导绿色照明、节能降耗在城市道路照明工作中的展开。

3.1.1 创新的规划理念是发展绿色照明、节能降耗的思想保障

以“建设个性鲜明、充满现代气息的城市道路照明系统，体现生态、环保和可持续发展思想，塑造安全、舒适、和谐、优美的城市夜晚空间环境”为目标，将道路照明与城市空间结构、功能布局、道路交通紧密相连。首次将生态概念运用到道路照明系统，提出了“限制照明区域”和“非活跃区”概念。通过照度、光色分布体现城市道路性质，将光色、照度、环境气氛与城市功能布局相结合，将道路照明与城市规划设计有机结合，从宏观角度提出区域照明控制要素，杜绝形象工程、面子工程，避免盲目追求“亮、变、彩”，降低对生态环境的影响，减少资源的浪费。以功能照明为主体，科学合理地发展城市照明事业，体现“以人为本”、“和谐社会”的核心思想。

3.1.2 资源整合与综合利用是开展绿色照明、节能降耗的工作基础

实事求是、摸清家底、发现问题是资源整合利用的重要前提。对特区总长约1200千米的全部市政道路，包括快速路、主次干道、支路进行普查，针对“供电电源和网络的10大要素、道路照明设施的9大要素、道路照明质量的6大要素”进行全面细致的调研工作，并首次实测了62条典型道路、全部42座立交桥的照度数据，编制了全市第一份完善的道路照明系统档案资料，发现问题、研究对策，确定了特区道路照度等级划分及光色分布。首次建立了“负荷估算模型”，结合特区路网规划，进行了全特区道路照明负荷估算，并以此为依据，结合现状供电系统情况，编制了供电电源规划和整合改造方案。改变了以往规划设计的局限性，从宏观和全局的角度出发，以现状为基础，规划为指导，合理配置供电电源及网络，避免了供电电源的重复建设，同时合理提高现状变压器负载率，达到经济运行水平，减少了新建电源的数量和总容量，降低了电源和线路投资，以及后期使用费用，利用统筹规划的理念，实现电力资源的充分合理利用。仅此一项就可节约近千万元的基础投资。

3.1.3 标准化与新技术应用是推动绿色照明、节能降耗的有利手段

标准化工作首先从规划设计做起。为指导今后全市道路照明系统规划设计，作为深圳市地方设计指引，编制了第一部具有地方特色的《深圳市道路照明设计指引》。为各设计单位及相关工作人员提供了理论指导和技术依据。为今后的材料、设备统一标

准，统一采购，互用互换，减少备用，打下基础。以设计标准化推动产业标准化、材料标准化，以减少基础投资及后期运行维护费用。以LED为代表的新光源和新一代智能化控制技术系统将使照明行业产生新的革命，新材料、新技术的推广和应用是绿色照明系统工程的核心内容，积极推广采用高效、低能耗的新光源，大力推广太阳能灯具，并在特定区域进行风能利用的尝试，逐步开发应用先进的智能控制系统，逐步加大可再生能源在照明系统中的应用比例，是今后照明行业节能降耗的重要途径。城市照明年耗电量约为全市总用电量的12%～15%，而新技术的应用可降低约20%～30%的用电量，其经济效益与环境效益相当显著。

3.1.4　绿色照明系统工程是开展节能降耗工作的助推器

绿色照明是系统工程，包括政策、技术、材料、体制等诸多环节。规划在法律、法规的健全和完善、资源整合与综合利用、资源共享与数字化平台的建立、标准化的制定、管理体制运行机制的改革等等方面提出实施对策，为绿色照明系统工程的发展提供政策指引。规划首次提出三期节约的观念："一期"——设计期，科学规划与标准化设计可为后期施工、运行、维护节约大量投资；"二期"——建设期，标准化设备的统一采购，标准化施工与建设，新材料、新技术应用可节约大量建设费用；"三期"——运行维护期，数字化、系统化的智能管理系统、先进的市场化管理体制，可节约大量运行维护费用。其中从设计源头抓起是节能工作最为关键的第一步，材料与技术进步是第二步，科学管理与经济运行是第三步，这三个环节相互依赖、相互促进、环环相扣，才能真正体现建设节约型社会和发展绿色照明、节能降耗的实质内涵。

3.1.5　规划指导实践、落实"行动规划"是实现绿色照明、节能降耗的重要举措和保障

为解决现状问题，编制了《近期重点整治改造规划》。在规划指导下，已经完成了特区内52条问题道路的整改，解决了"有路无灯、有灯不亮"的问题，是2003年深圳市政府为民办的10件实事之一，受到了群众的好评。同时，结合旧城改造及新建、改建工程，对罗湖旧城、皇岗口岸、南头关、同乐关、人民南等地区的道路照明系统进行了整改，对深南大道（华富路—侨城东段）、新洲立交等照明光源进行了更换，照明效果大大改善。对特区立交桥下、人行通道进行了全面加装照明设施工作，市民出行更加安全、便利。对部分临时照明设施进行了清理和拆除，并结合电源系统规划，整合改造了部分供电电源，节约了日常电费支出。对改建和新建工程以及绿色照明、节电工程的推广和应用起到了重要的指导作用。充分体现了"科学规划就是生产力"，为绿色照明、节能降耗在城市道路照明行业发展探索了新的道路。

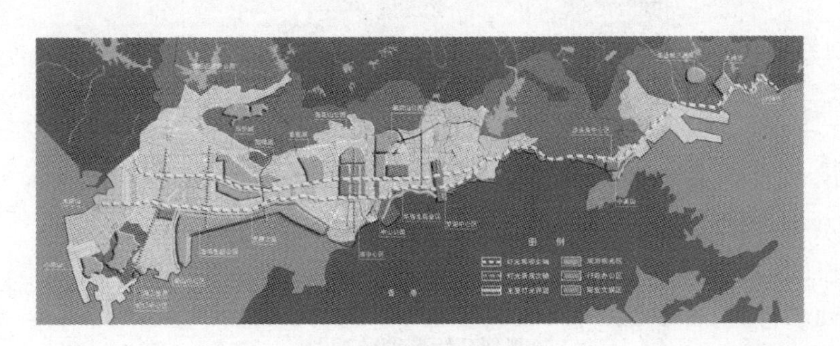

规划景观照明系统分析图

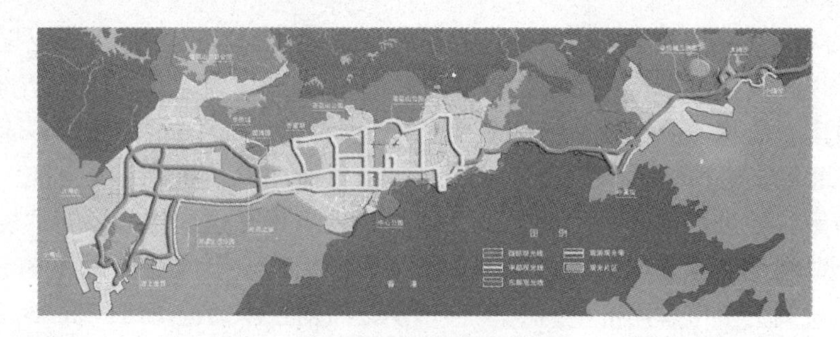

规划观景路径系统分析图

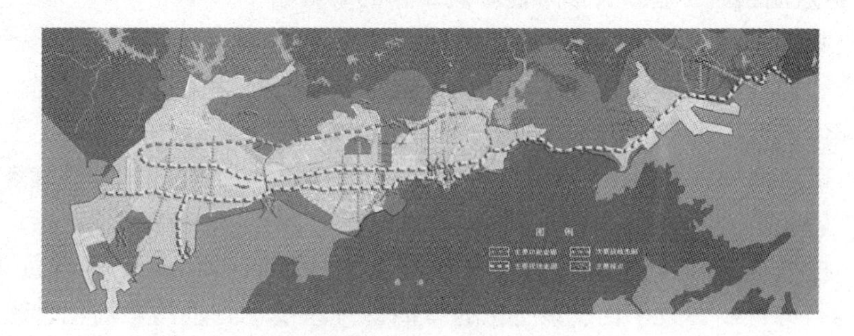

规划视线走廊视点分析图

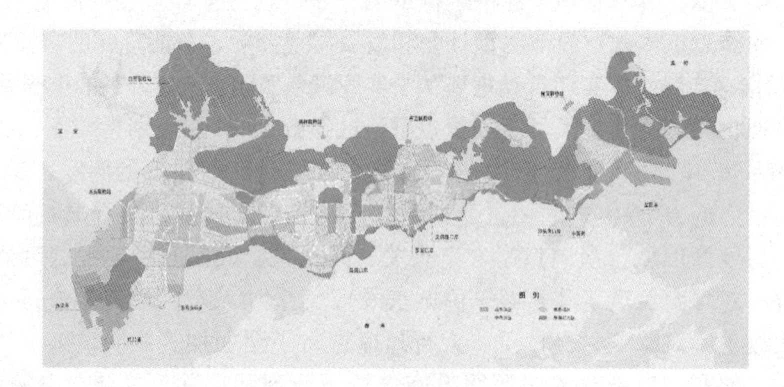

规划环境光色分析图

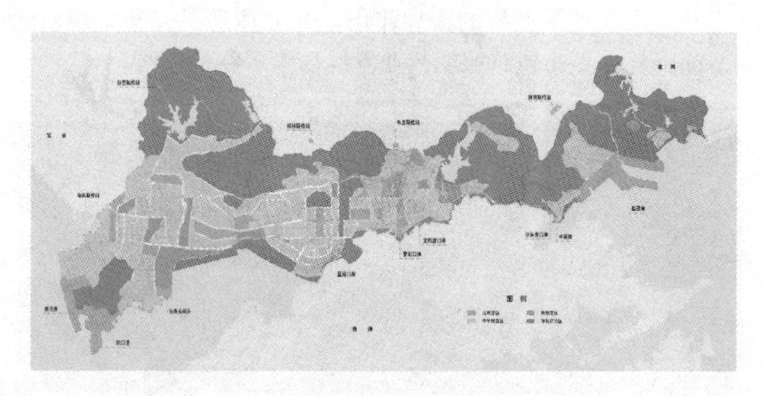

规划环境照度分析图

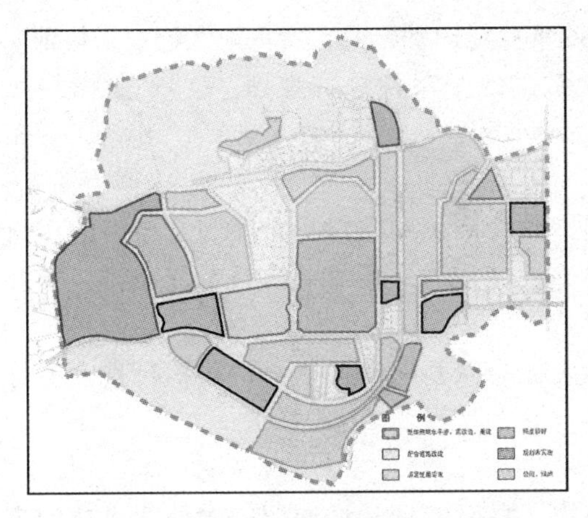

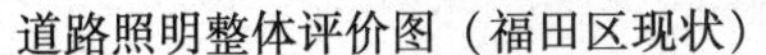
道路照明整体评价图（福田区现状）

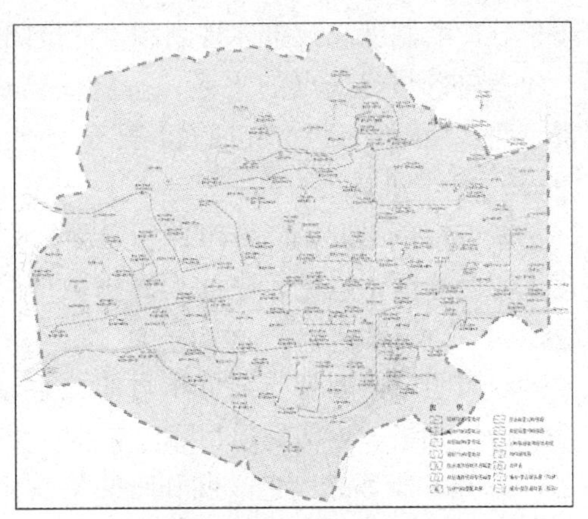
规划道路照明电源布置图（福田区）

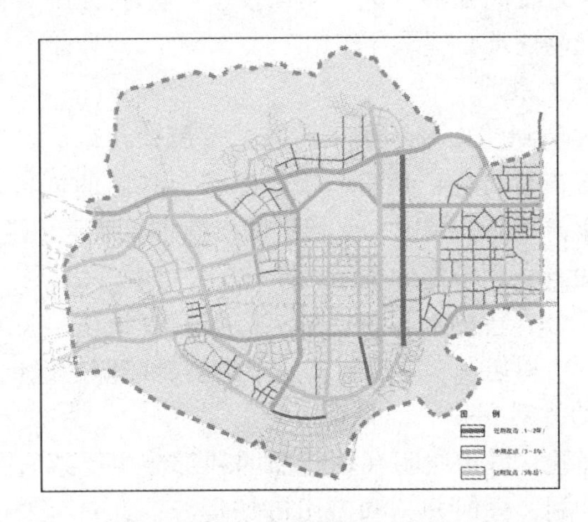
道路照明设施改造周期图（福田区）

3.2　城市规划、城市景观与城市景观照明——以《重庆市主城区夜景照明总体规划》为例

重庆市具有独特的自然地理和城市空间形态、深厚的历史文化积淀，以“万家灯火”延续了千年的“山城、江城”美景。

城市物质空间环境和活动特色是城市夜景重要的构成要素，发现和保护重要夜景资源，进行有效设计和利用，借助山地滨水城市特有的“立体景观”，感性和理性地塑造城市夜景，凸显重庆“山城、江城、桥都”的城市景观特色。城市景观照明为城市夜文化、夜经济和夜生活注入新的活力。

3.2.1　城市照明与城市规划、城市景观的关系

（1）功能照明与景观照明的关系

以人为本，功能优先。人的物质需要和精神追求同等重要。

（2）日景与夜景的关系

日景是夜景的基础、载体，选择恰当的城市特色景观，借助人工景观照明可以对日景进行夜景重构和视觉效果的取舍。根据城市规划的特点进行分层、分级，制定主

次夜景分工的制度和政策，规划和设计组团夜景特征识别，突出特色地区的夜景价值。

建立夜景与观景点的关系，按照夜景观赏的四个条件进行规划：夜景观赏目标、观赏空间、视野（廊）、交通及其配套服务。

（3）整体和局部的关系

从城市特色出发，以城市照明总体规划指导城市照明建设，有序制定城市的焦点级夜景特色分区，避免无序的大面积城市装饰性亮化，从系统上进行节能减排，实施绿色照明。

关注照明总体规划与细分项目的关系，确保夜景总体照明规划的可执行性、可分解性，构建分级、分层的项目库。

（4）光和影、光与色、明和暗的关系

以照明技术到照明艺术发展的趋势未前提，在已实施的城市照明中寻找成功的夜景特色。城市夜景须对亮度的强弱分区、明暗层次、光色分区进行艺术价值观方面的引导工作，充分发掘光色视觉心理诱导作用。

（5）传统与创新的关系

解析从“万家灯火”到“山城灯海”的夜景发展变化趋势，在提高夜景观的文化品位，延续地方的传统夜景特色，独树一帜。标准与观念的创新，从照明方式、方法上引导大众的审美情趣，既节能减排、也满足城市夜景观改善生活品质的要求。

（6）城市照明建设与环保节能的关系

采取新标准、新理念、新技术和新规章，恰当的夜景化，表现特色，营造城市夜晚的光环境，避免光污染和切实、渐进地实施节约资源能源的绿色照明的行为。

（7）投资与管理的关系

根据国内城市的经验，城市照明（功能照明和部分主要地区的景观照明）建设的投资应纳入地方财政计划，同时开拓和借用市场资源；针对夜景照明的关联性，强调多部门合作，以利于保障夜景资源的综合利用；照明环境设计的质量重于数量；在进行照明规划时，同步建立和完善城市照明设施的统一监控管理的机制。

（8）高科技与常规技术的关系

关注详细照明设计的技术方案的适用性、可靠性、经济性是第一位的；积极把握照明的高新技术发展趋势，修正标准，渐进、推进和落实绿色照明与照明高新技术的运用。

（9）城市夜景照明与城市基础设施

从城市夜景构成的基础来看，功能性照明是构成城市夜景的关键性资源，重庆城市的夜景规划建设应该成为重庆城市的基础设施的构成。引导、借助社会的自觉自愿的力量的投入，改变习惯思路，加大政府在功能性和公益性光环境照明方面的投入，把城市夜景照明建设列入城市基础设施建设的重要内容是一种必然的趋势。制定夜景总体发展规划，建立夜景建设秩序，从财政上确保必须的资金到位，逐步实现夜景的完善和完美。

（10）城市夜景规划与城市规划

夜景规划是建立在城市规划基础上的功能延伸，是对城市规划的丰富和检讨。是对城市资源利用的再认识，也是塑造城市特色重要手段。

3.2.2　夜景资源保护与控制

（1）景观照明分区

保护和开发城市自然山体、河流、自然堤岸等自然元素和城市中心区、特色建（构）筑物群、桥梁、船舶、索道等人工元素的夜景价值，构筑具有山城、江城、桥都的特色城市夜景形象。

从点、线、面三个方面全面进行夜景照明分区规划。点——制高点（鹅岭公园、世贸大厦、一棵树观景台等）；线——蜿蜒的城市滨江道路、桥、江和运动的车（反射光和运动的船）；面——密度和集群建设地区，人群集聚度高和出现频率高的地区（渝中半岛、解放碑步行街、观音桥步行街等）。

主城区夜景照明总体结构图

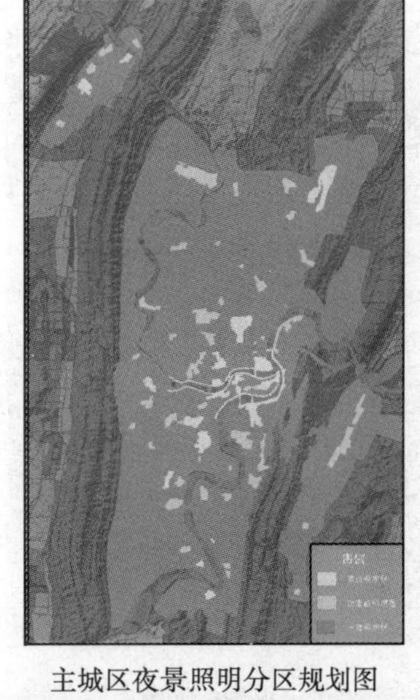

主城区夜景照明分区规划图

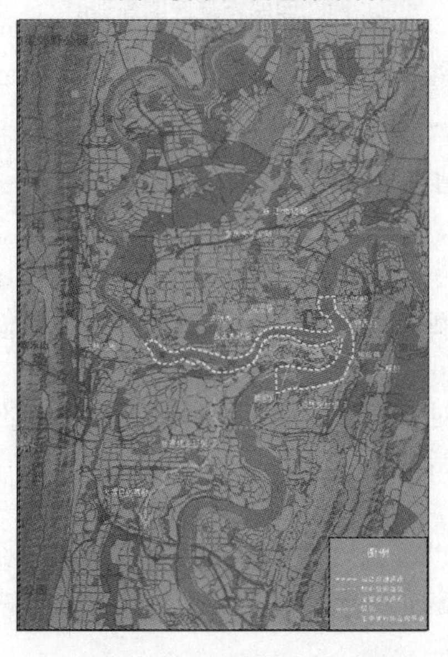

夜景照明主要观景路径规划图

夜景旅游路线规划图

（2）重要观景点保护与控制

未雨绸缪、超前控制。城市建设不断推进，促使城市在发展的过程中逐渐丧失了原本优良的景观资源。城市照明规划从城市夜景体系层面，提出城市观景点资源的布局与分机控制，通过与城市规划的紧密配合，实现对城市日景和夜景资源的有效保护和控制。市级重要观景点包括一棵树及其北延观景点（“十里画廊”）、两江口观景点（重庆烟厂）、鹅岭公园（览胜楼）、枇杷山公园（红星亭）、洪恩寺公园、江北歌剧院等。

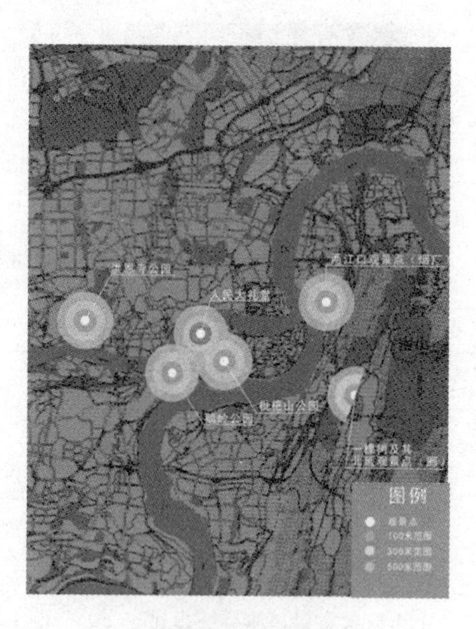

观景点保护规划图

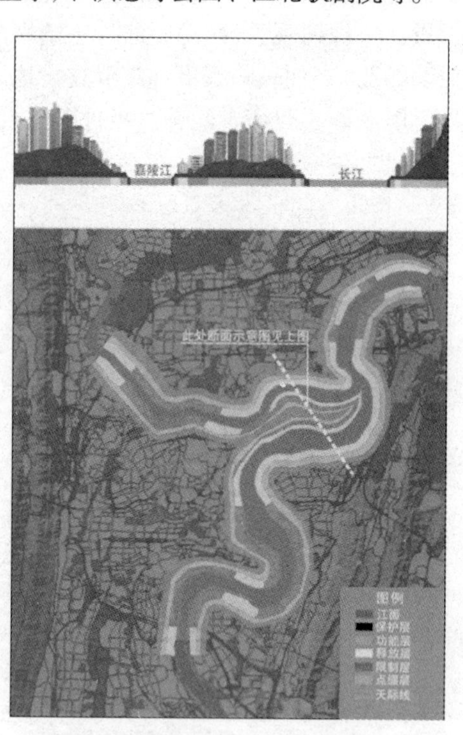

两江四岸夜景照明规划图

（3）夜景视廊保护与控制

现在具有优越观景条件的观景点的观赏视线走廊已被越来越多、越来越高、越来越亮的周边环境破坏，对夜景视廊的保护已迫在眉睫。

①对一棵树及其北延观景点、鹅岭公园、枇杷山公园、洪恩寺公园观景点夜景视廊保护。在主要观景点的视线内建立三级照明控制区域，对城市建设过程中的建（构）筑物设置高度控制要求，对新建城市照明设施（广告照明）提出照明面积控制要求及景观照明设置要求。

②根据视线内的建（构）筑物的性质，对长江、嘉陵江沿江区域的景观照明界面，提出“一面、五层、一线”的分层、分级控制要求。

3.2.3 行动计划

行动计划是立足于近中期的实施计划，以改造、整治为主，旨在快速整合现有照明资源，提高城市照明管理水平，形成更多富有特色照明区域，加快城市照明品牌形成，开始真正意义上的产业化。

实施陆路观景计划；对照明及衍生的旅游“产品”，设置相关部门，完善组织框架；对解放碑、观音桥步行街景观照明的改造，完善条件许可的观景点（三块石、一棵树至铁塔区域、烟厂）的配套实施建设；重庆照明之“道”需要在不同的技术支持和发展思路下进行修正，以增加有效性和保证城市夜景的特殊性；夜景是城市日景的延续，对“两江游”沿线新建市政工程或建筑项目须进行夜景照明方案评价，确保“两江”沿线夜景的保护和建设；适时开展“南山十里画廊”照明规划研究工作；通过设立山城灯光节的基金会，考虑以朝天门广场附近作为国内国际灯光照明设计节的主展场，让它成为重庆特殊的自然和人文环境作为载体，突出光文化、光技术特色，形成由照明灯光为引导的多元化新产业。

黄花园大桥区域照明控制示意图——无雾、人多时段

黄花园大桥区域照明控制示意图——无雾、人少时段

黄花园大桥区域照明控制示意图——雾天时段

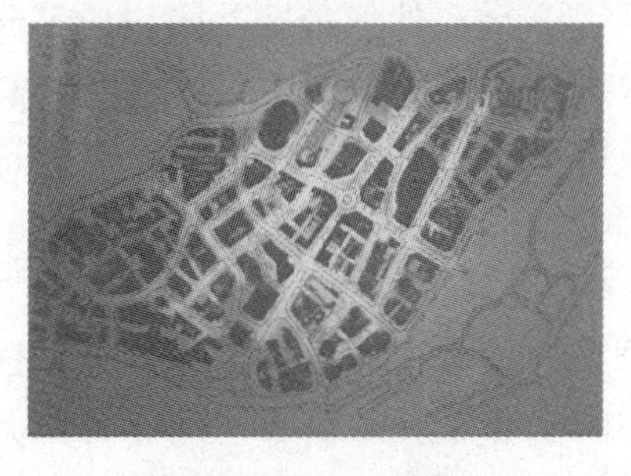

解放碑色温现状示意图

观音桥色温现状示意图

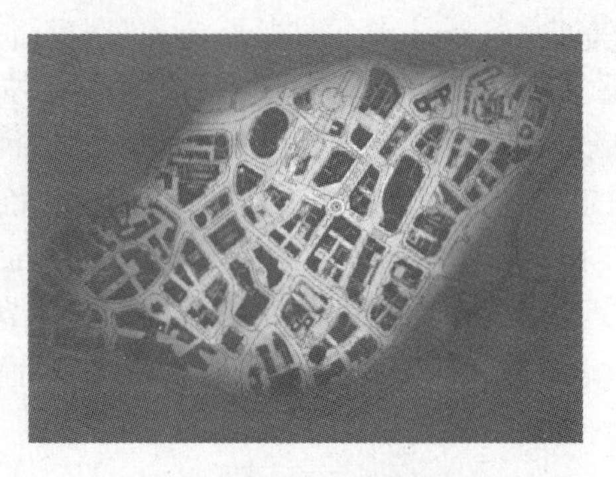

解放碑色温规划示意图

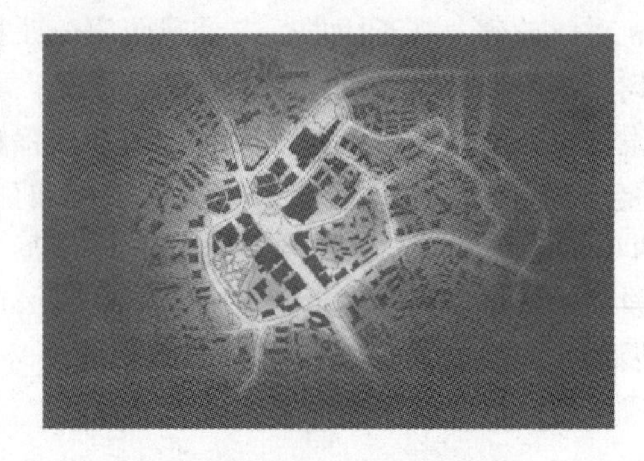

观音桥色温规划示意图

3.3 解读城市规划是城市照明规划的前提——以《深圳湾照明规划》为例

3.3.1 规划本底——生态环境脆弱

城市照明规划设计必须以城市规划为基础，以体现城市规划理念为原则，针对不同对象，采取相应的方法，实现与城市规划相一致的目标，在照明规划编制中，对城市规划的解读是一切的前提。

随着社会经济的发展，人们在夜晚的活动时间逐步延长，空间范围逐渐扩大，许多地区的“夜游经济”已成为人们关注的新焦点和新的经济增长点。在风景区、自然保护区、生态保育区等敏感区域亦出现了夜晚观光游憩的需求，如何做好该类地区的照明规划设计，不仅关系到人们活动的安全与参与性，更加关系到敏感地区的生态系统稳定与保护问题。

关于照明对植物生长、动物活动影响的研究，目前尚未有科学、权威的结论，其影响因素与相互关系亦十分复杂，需要较长时期的监测和实际案例的研究与积累。人类的一切活动对生态敏感地区肯定有影响，尤其是以月光和星光主宰了千年的夜晚，人工光的介入是突然的、强加的、无规律的，在可能改变黑夜本色的生态敏感区域，我们必须做的是全面控制与有限的介入。

国家级福田自然保护区是世界上唯一位于城市中心区的红树林生态湿地，有红树植物 9 科 16 种，鸟类 194 种，其中 23 种为珍稀濒危物种，每年有 10 万只以上长途迁徙的候鸟在深圳湾停歇，是东半球国际候鸟通道上重要的“中转站”、“停歇地”、“加油站”。深圳湾是距城市公共密集区最近的自然生态系统，东眺罗湖，与福田国家级自然保护区相接，北依华侨城旅游区与填海居住区，西连南山中心区，经西部通道至蛇口中心区，南望香港元朗。长约 15 千米，与香港米埔自然保护区共同构成了河口海湾型湿地生态系统，红树林、滩涂、鸟、咸淡水水生物是湿地生态系统的主要载体，是最具活力、最有价值、深圳和香港两地人造城市融入自然海湾的最佳地带，是人与自然的接触之湾、对话之湾、共生之湾、连接之湾。

3.3.2 规划思路——关注需求主体

在上述规划理念和目标的指导下，深圳湾设计需求主体已跃然而出，在这里，创造宜生宜栖的动植物生存环境、修复本已脆弱的生态系统是核心，迁徙的鸟类和蔓延的湿地红树林是第一主体。创造宜游宜思的滨海休闲空间——为城市人服务是第二位。

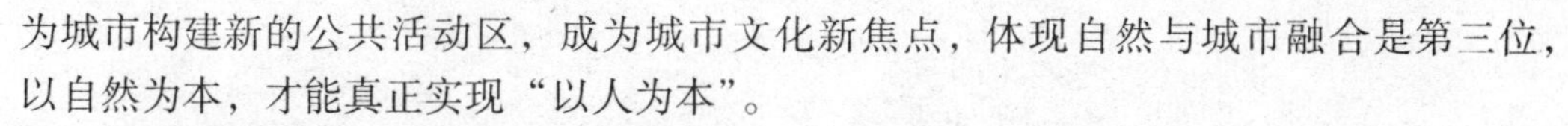

为城市构建新的公共活动区，成为城市文化新焦点，体现自然与城市融合是第三位，以自然为本，才能真正实现“以人为本”。

3.3.3　规划方法——最大限度保护和有限利用

照明规划首先要应对的不是通常情况下的“人”，而是鸟与红树林，在没有任何把握判断人工光介入影响的前提下，对这一生态敏感和脆弱的地区，全面控制是安全和必要的。

全面控制指照明规划的对象分类，即哪些是不能“见光”，哪些是允许有限介入，哪些是无约束的释放。红树林以及憩栖的鸟是不允许被打搅的，在红树林复植区、现状保育区、鸟类憩栖地，禁止一切形式的人工光照明。离海岸最近的人行步道，由于同时兼顾边境巡逻路的功能，必须设置照明，但其投射角必须朝向内陆，全区域禁止一切投向海面的照明。随着向内陆的依次推进，亮度和灯具安装高度逐步提高，在满足人们对路面辨识以保安全的前提下，逐步提升到面部识别需要的亮度和高度，但仍以满月的光照为限。停车场、公园、服务中心等人流汇集处可适当提高标准。尽量避免采用杆柱式照明，以LED埋地灯、草坪灯为主，将夜晚人工光的干扰在生态保育区降至最低限。

3.3.4　技术手段——绿色照明

深圳湾照明工程是深圳市绿色照明和绿色照明、节能降耗利用双示范工程，在新能源、新光源、新技术应用上有所为，在规划设计理念上亦有所突破，改变以往夜景照明设计所谓的“以人为本”、“以灯为主”、以“亮、色、变”为荣的传统思路，尽量采用低调处理方式，确保以生态环保为先。

3.3.5　理念升华——展示舞台

置身其中，回望远眺，自东向西就像一部交响乐。有开场前的静默——红树林及生态恢复保育区是黑暗的；有序曲，填海区居住区是安逸、舒缓的；有欢乐的快板，华侨城旅游区是快乐、活泼的；有主题——南山中心区是无约束的热情释放、五彩斑斓的；有舒情的慢板——西通连接段，虽无变化却是持久的；有结束的高潮——蛇口中心区的缤纷世界；还有对岸香港元朗的万家灯火、福田的盛世辉煌，这一切是湾区所能见到的又不在湾区的景象，巨大的城市背景才是真正的舞台，而深圳湾只是一个绵延的、静谧的观众席。演出开始后，观众席的照明标准是什么？

黑夜中距离感被大幅缩减，只有完善了城市背景的照明，深圳湾才能真正成为海湾夜空的观光带、城市夜生活的新舞台。

深圳湾西段效果图

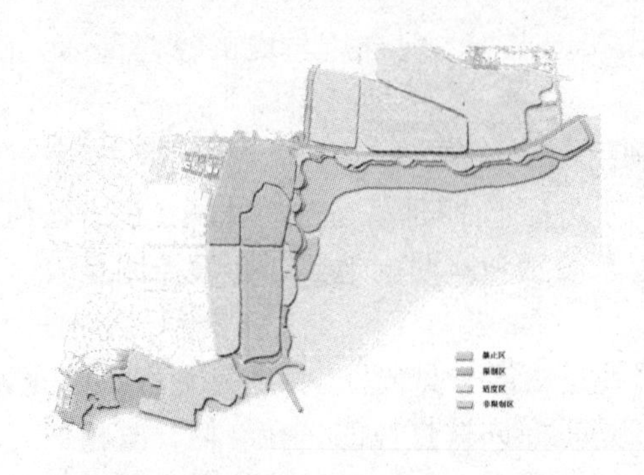

照明分区分析图　　　　能源使用区域示意图

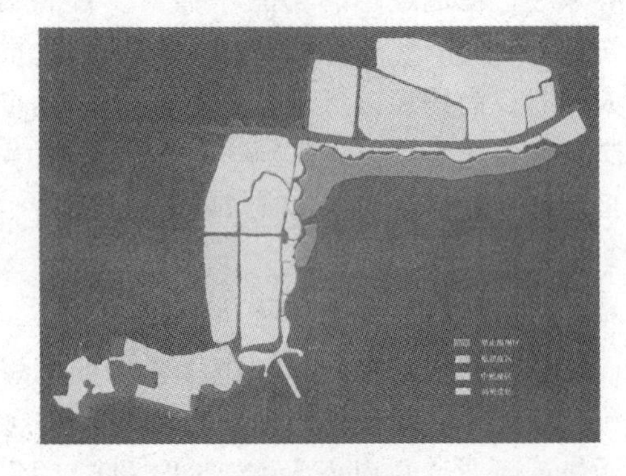

环境气氛分析图　　　　环境照度分析图

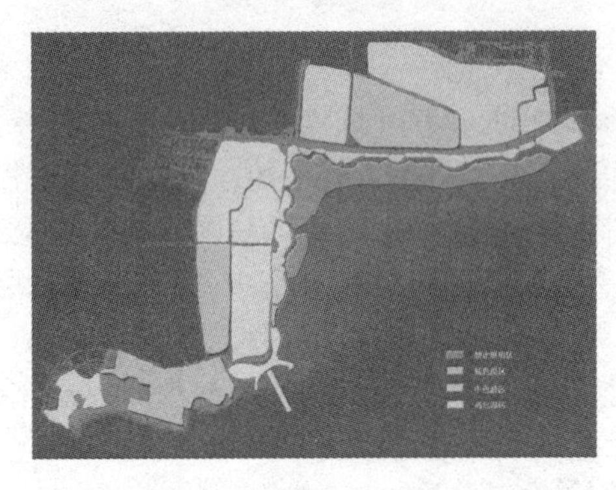

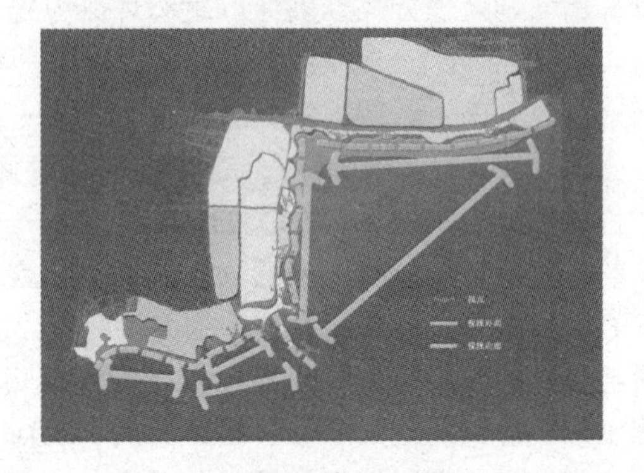

环境光色分析图　　　　视点视线走廊分析图

3.4 绿色照明、节能减排——以《中山市中心城区绿色照明专项规划》为例

规划内容从城市绿色照明体系构建到城市照明总体构架、城市照明供电电源系统、绿色能源的选择与应用、分期建设规划、实施与管理对策、投资估算、能效分析、环境影响评价，是积极响应国家“节能减排”、“绿色照明”、落实科学发展观而提出的一个城市绿色照明发展策略，对今后中山市城市绿色照明的建设和管理具有重要指导意义。

规划提出绿色照明理念，确定城市的照明框架体系、分级体系和色彩体系，从点（重点地区）、线（道路）、面（片区）三方面，对城市照明等级、光源、光色等方面进行了分析，确定了城市道路典型断面照明，规划还对绿色能源、能效分析、生态环保等问题进行了研究，并提出了照明近期建设与实施的经济技术分析和保障措施，具有较强的可操作性。

通过对城市功能照明中的照度等级划分、负荷估算、供电电源规划、照明设施控制等方面的研究，归纳总结功能照明设计指引，作为工程规划的技术支撑；通过对城市景观照明与城市规划、生态环境、空间背景、路网布局、功能布局、城市设计的关系与相互影响的研究，探讨新的规划理念，确定统一的照明标准，确定重点实施与改造方案及近、远期建设规划共同构成完整的城市照明总体规划，促进低碳型生态城市建设；以规划指导实践，根据对城市照明景观布局的分析，确定城市照明重点建设与改造计划；根据城市建设与改造周期，编制城市绿色照明近、远期实施规划；实行统一的照明标准，协调局部与整体间的关系，推广绿色照明，注重节能环保，满足发展循环经济，建设节约型社会的要求，实现人与自然和谐发展；确定可行性实施对策，总结城市绿色照明领域中所亟待加强和解决的问题并加以探讨，进一步在法律法规、政策措施、标准规范、科学技术等方面完善城市绿色照明的配套措施，加速城市绿色照明的顺利实施；结合本地具体情况，配合相关部门，研究相关政策与相关的标准，建立管理体制，搭建资源共享平台，促进公共资源整合，为城市绿色照明的推广与实施提供良好的政策环境，加强城市照明安全及产品能效研究工作，为城市照明节电提供技术服务；研究城市照明强制性能耗技术要求，为城市照明节能工作中设计、施工、管理等环节提供建设性意见。

提出城市绿色照明建设的发展方向、体系构成与建设，强化城市照明规划的引导和调控作用，从源头开始对城市照明进行统筹规划，使城市照明建设的其他各个环节实施依法、科学、有序的长效管理；提出引进先进的城市照明理念与技术，形成社会对城市照明质量的全面理解，加强规划审批对城市照明设计的要求，大力推进城市照明建设的法制化管理与有序发展。

在国内同类型项目中首次进行了能效分析，对实施绿色照明工程，所产生的节能减排效果和产生的经济效益，以及因减少发电而减少的对环境产生的破坏，因避免光污染而减少的对人们正常生活带来的不良影响等方面进行了研究。其中：

经济效益方面。规划实施后在城市照明上，每年节约电量0.144亿千瓦时，按0.8624元/度计算，每年可节约1241.856万元。在节约电费的同时，满足了人们对照明质量、照明环境要求和减少环境污染等方面需求，促进了城市夜景旅游及相关产业的发展，为中山市的经济发展起到积极的作用。

社会效益方面。实施城市绿色照明是建设节约型社会的一条必然选择，推广利用可再生新能源，有效提升城市整体形象，有力地促进经济繁荣，最大限度地节约资源，提高资源利用效率，把对环境的损害减到最小。通过示范效应，还可以普及绿色照明和可再生新能源利用的科技知识，增强群众的节能环保意识，有效地推动全面推进节能减排工作的顺利进行。为开拓高效照明产品推广应用的新途径、规范照明电器产品市场发挥了积极的作用。

环境效益方面。推广绿色照明、利用可再生能源，既可减少不可再生的一次能源如煤、天然气等的消耗，又可减少由此产生的CO_2、SO_2和NO_X等污染物的产生，从而有利于促进城市空气环境质量的改善，缓解温室效应，对于环境保护、节能减排的意义是不言而喻的。根据有关行业的调查资料表明：平均每节约一度电相应节约了大约0.4kg标准煤，可以减少排放二氧化碳0.1kg、氮氧化物0.004kg、二氧化硫0.0029kg。按中心城区每年节约电量0.144亿千瓦时计，则规划实施后，每年可节约大约5.76×10^{6}kg标准煤，可减少排放二氧化碳1.44×10^{6}kg，氮氧化物5.76×10^{4}kg，二氧化硫4.18×10^{4}kg。其中二氧化硫的减排，对于城市大气污染物排放实行总量控制，将起到良好的减排作用。

环境影响评价：针对《中山市中心城区绿色照明专项规划》的特点，全面评估中山市城市照明质量，预测规划实施全过程对环境可能造成的不良影响的程度和范围，以便避免产生光干扰和光污染，提出中山城市照明中节能降耗的指标，提高资源利用效率，降低能源消耗。本着科学、客观、公正原则、早期介入原则；整体性原则、可操作性原则，立足科学发展观，坚持以人为本，保持大气环境、声环境的稳定和协调，着眼建设资源节约型社会，以提高资源利用效率为核心，强化政策导向，鼓励使用高效照明器材，优化照明产业结构，实现结构节能；鼓励积极开发推广节能技术，实现技术节能。对规划进行了合理性分析，与环境影响预测，并确定了环境影响减缓措施及实施保障建议。

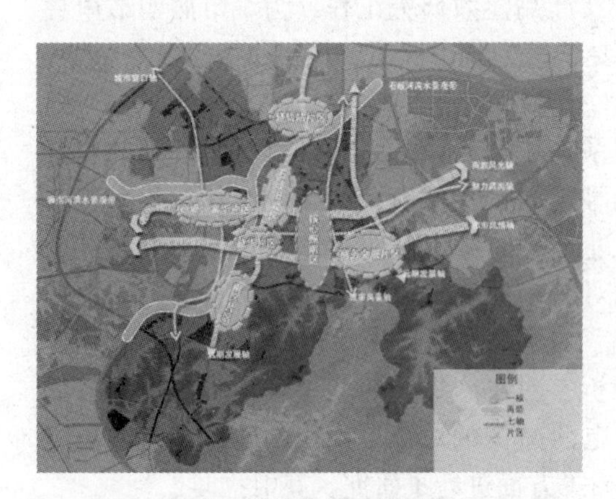

城市照明总体结构分析图

城市照明分区规划图

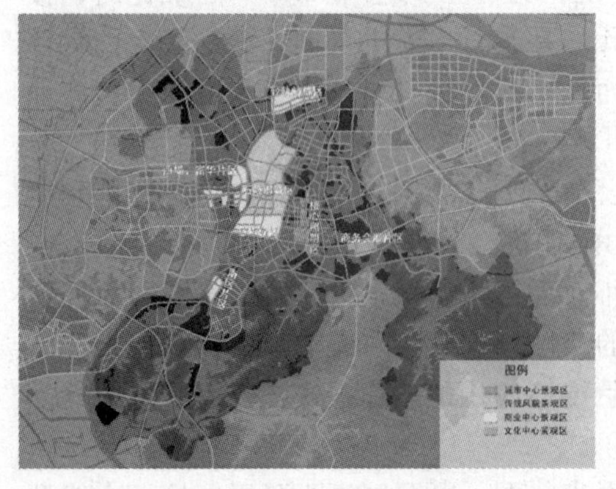

重要景观照明区域分布图

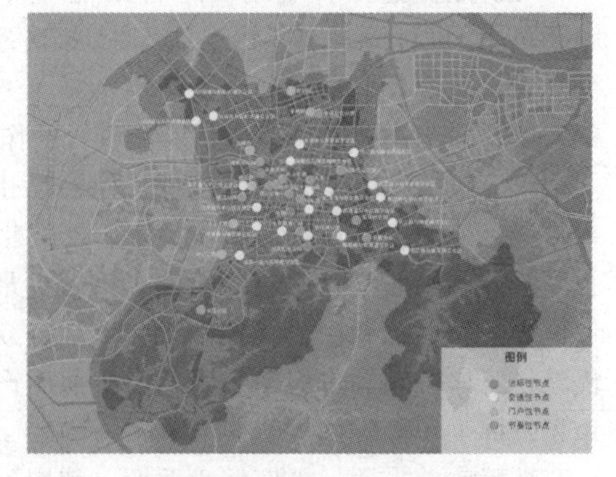

城市重要景观照明节点规划图

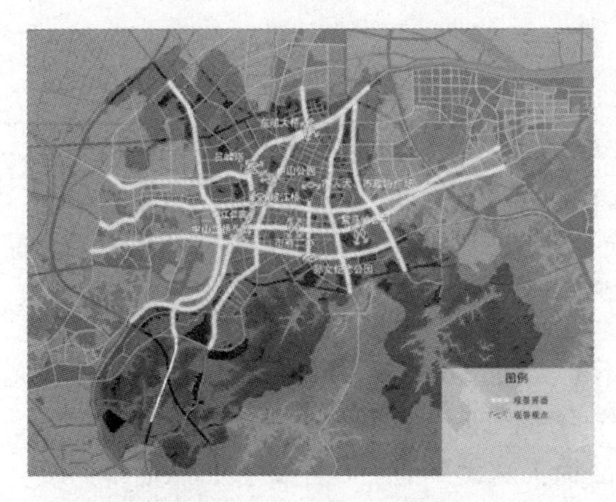

城市照明观景点、观景界面分析图

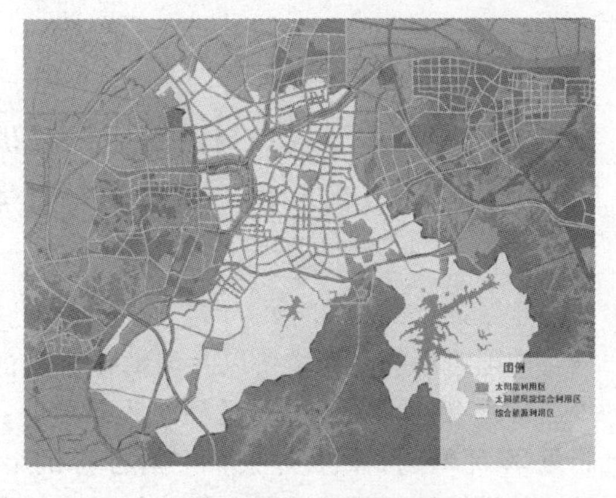

绿色能源综合利用规划图

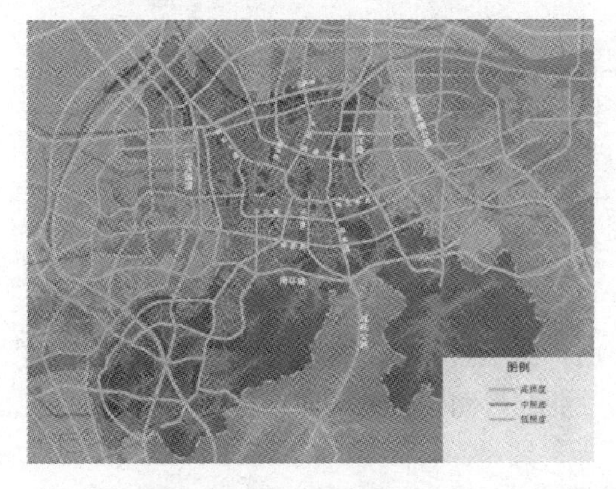

城市道路照明照度分布规划图

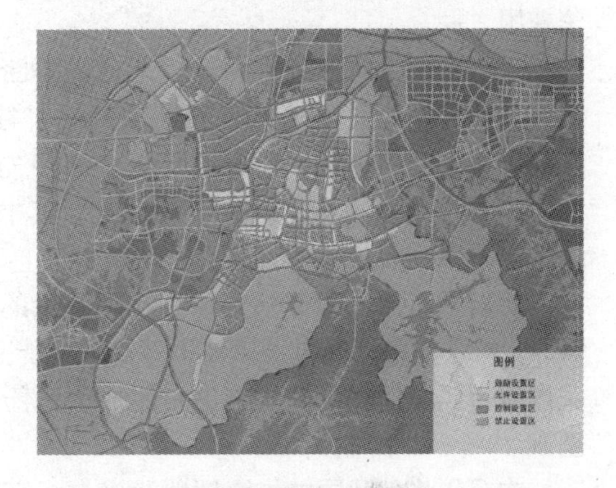

广告照明分区控制图

第5章　城市照明光源、灯具及控制技术的现状和发展趋势

中国经济的高速增长以及城镇化进程的不断加快，推动着中国照明行业的飞速发展。1989年上海外滩开展的建筑夜景照明，作为中国现代城市照明业的发端，距今已将近20年时间。回首过去，中国的城市照明经历了从无到有、从小到大、从简单到复杂、从模仿到创新的过程，目前已经成长为世界上最重要的照明器具生产、供应以及消费国之一。

近年来由于能源危机和环境恶化的不断凸显，我国政府将建设资源节约型、环境友好型社会作为我国"十一五"期间经济社会发展和改革开放的七大主要任务之一。在我国城市照明领域，建设部等相关部门先后组织编订了《城市道路照明设计标准》和《城市夜景照明设计规范》等标准，其中就城市照明的功率密度（LPD）等节能指标做出了明确规定。

然而城市照明的革新，除了需要政策的引导，还需要照明技术的快速发展。诸如LED、陶瓷金卤灯、电子镇流器等高效节能照明产品、技术的不断涌现，使更大的降低我国城市照明能耗、节省维护费用成为可能。照明技术的发展是城市照明节能降耗的基础。

本报告将就我国的城市照明用光源、灯具及控制技术等领域的最新发展以及相关节能规定进行广泛、深入的研究，从而指导我国城市照明实践的更好发展。

1　城市照明技术的现状

1.1　企业状况

改革开放以来照明电器行业得到了迅猛发展，点光源产量大幅度提高，灯具同样得到快速发展。灯具产品从单纯仿制向自行设计的步伐在加快，国内市场已涌现出一批消费者认同的品牌。企业的发展也呈多元化趋势，在这些企业中有外商独资企业、合资企业、上市公司、国有企业、私营企业。独资与合资企业经过几年的磨合及对中国市场的了解，已进入稳定发展时期，大部分企业生产正常，效益逐步体现，产品有一定市场份额；上市公司由于具有较强的资金实力，在市场竞争中占有一定的优势，因此普遍运转正常，效益也比较好；部分国有集体企业通过转制，向股份制或股份合作制转变，产权关系进一步明晰，取得一定成效；老的国有企业通过内部改革，转变机制，利用原有设备、人员的优势，积极参与市场竞争；也有一部分国有企业，由于不适应当前日益激烈的市场竞争，生产经营困难，被迫停产，个别的则宣布破产。总体来看，国有企业在行业中所占比例正在逐步减小。而发展最为迅速的是私营企业，这些私营企业利用自身优势，由小到大，不断发展，其中一部分企业已形成规模且具

备一定实力。

近年来，全行业有2家企业技术中心获国家认定的企业技术中心，有5家企业的商标获得国家工商总局授予的“中国驰名商标”。有11家企业的12种产品获得“中国名牌产品”称号。过去的4年间，有百余项产品获得国家质检总局授予的免检产品资格。这说明了我们照明电器产品质量有了大幅度的提高。

企业的数量在增加，2004年全国工业普查时的数据全行业超过8000家，4年后的今天据不完全统计已超过10000家。与此同时，企业的规模也在不断扩大，4年前销售额在10亿元以上的企业仅有1～2家，现在已有20家企业销售额超过10亿元，有的已超过20亿元。由于企业实力的增强，有越来越多的企业更加重视技术进步，加大了自主创新的投入力度，使企业逐步走向良性循环的道路。

1.2　生产状况

1.2.1　光源

目前，城市照明用主要光源有白炽灯、荧光灯（单端、双端、紧凑型）和高强气体放电灯（高压钠灯、金属卤化物灯）。根据相关组织的研究表明，高强气体放电灯所消耗电能占城市照明总用电量的87%。因此可以说在城市照明中高强气体放电灯是城市照明的主要光源类型，当前大部分城市照明装置所选用的光源基本为以下两类高强气体放电灯的一种，即：高压钠灯（HPS）、金属卤化物灯（HM）。近年来伴随着科学技术的不断发展，发光二极管及无极灯等新型光源在城市照明的应用领域也在不断地扩大。

（1）高压钠灯

高压钠灯自1966年正式投入市场以来，经历了不断的改进和提高，成为受人们青睐的长寿命和高光效的光源，光效可达120流明/瓦，早已取代高压汞灯成为道路照明主流光源。普通高压钠灯致命的弱点是显色性差，显色指数只有23，光色偏黄，只能用于对显色性要求不高的照明场所。近年来的不断研究，发展了多种改进型和变体型高压钠灯，从而将它的应用场所从道路扩大到其他场所。

当前已经研发出不含铅，低汞含量（汞齐）的高光效高压钠灯，光效已高达140lm/W，相较于普通高压钠灯节能20%，平均使用寿命长达32000小时，可以大大减少维护费用约30%。

（2）金属卤化物灯

金属卤化物灯是高强度气体放电灯中重要的一员，随着我国的现代化建设，特别是城镇化建设的高速发展，以及人们对照明品质要求的不断提高，金属卤化物灯以其发光效率高、显色性能好以及长寿命等特点，将越来越发挥其重要作用。根据相关调研数据表明，金属卤化物灯年产量平均年增长率达到了51.3%。金属卤化物灯除了光效高(70～90流明/瓦）以外，还能发出显色性较好的（显色指数为65或者更高）白色光。

陶瓷金属卤化物灯（CeramicDischargeMetalHalideLamp，CDM）是基于石英金属卤化物灯的发光原理和高压钠灯放电管的材料与工艺优点而开发成功的一种新型高强度气体放电灯。陶瓷金属卤化物灯的发光效率比石英金属卤化物灯提高20%以上（可达115流明/瓦），而且光色更好，色温3000K陶瓷金属卤化物灯的显色指数达到80以上，色温4200K灯泡的显色指数达到90以上。同时陶瓷金属卤化物灯的灯与灯之间的光色一致性也优于石英金属卤化物灯。陶瓷金属卤化物灯前景十分看好，目前已有不少国内企业在研究开发陶瓷金属卤化物灯，希望在未来的1~2年能够看到比较成熟的国产陶瓷金属卤化物灯投放市场。

（3）发光二极管（LightEmittingDiodes，LED）

LED光源是最近涌现出来的第四代照明光源，具有节能、环保、寿命长的优点，同时还具有体积小、驱动电压低、反应速度快、彩色可调、聚光性、安全性和防震性好等多种特点，应用领域十分广泛。但目前由于受其自身技术条件的限制，LED发光效率虽高于白炽灯与卤素灯，但与传统道路照明用光源——高压钠灯（80~120流明/瓦）相比，仍有较大差距。

目前LED主要应用于笔记本电脑背光源、大屏幕LCD显示器背光源以及交通信号灯等。2006年全球高亮度LED应用市场的主要应用领域为：移动设备：48%；显示：14%；汽车：15%；信号：2%；照明：5%；其他16%。对于未来几年的发展趋势，国际间的看法是未来3年综合增长率为12%~15%，未来3~5年主要应用驱动来自于显示背光源、汽车和照明。

在应用领域，中国的火热程度不亚于世界任何一个发达国家，主要体现在：一是很多地方政府对此抱有浓厚的兴趣，并给予资金和政策支持；二是民营企业风起云涌，纷纷涌向半导体照明淘金；三是部分城市景观照明大量使用LED，在景观照明中应用LED总量中国可以排在世界首位。但在显示背光源和汽车照明方面的应用，中国明显落后于其他国家，这一点需引起我们的重视。

在普通照明领域的应用是人们普遍关心的，从几年前的手电、矿灯，到目前企业比较热衷的路灯，均成为投资热点，就白光LED目前的水平，应用于手电、矿灯等局部照明是可行的，能够满足使用要求。但LED用于道路照明（特别是主干道），还为时过早。

总之，由于电光源产品技术含量高，目前我国自行研发的光源技术水平远低于国外的飞利浦、欧司朗等知名品牌。一些重点工程都被这些国外的知名品牌垄断，国内企业主要是引进美国、英国等发达国家的生产线，以价格取胜，占有国内的一些市场或出口。

1.2.2 灯具

在灯具行业，随着外资的进入，照明市场出现了国内竞争国际化的局面，努力增加不同档次、花样、用途的照明器具的开发，加快绿色、高效节能灯具产品的开发推广和应用是我国目前照明电器行业结构调整的重点；同时打造自己的优势品牌也是当前照明行业持续发展、照明企业应对竞争的重要课题。我国照明电器行业将面临着前所未有的机遇和挑战，而由此带来的巨大商业利益也成为照明企业瞩目的焦点。

1.2.3 控制系统

城市照明控制系统的自动化和智能化的目的是实现照明节能、满足使用要求、提高工作效率和工作质量，提高人们健康水平、减少维护管理人员、减轻劳动强度，照明控制系统应布线简单、维护管理方便，界面汉化友好、易操作。近几年来发展很快，除了能够对城市照明的设备进行自动控制，当室外照度低于设定值时，自动点亮，到

规定的时间时减半点亮或满足照度时关灯控制。而且还具有光源寿命的记忆功能，电流、电压、故障等的检测功能。

1.2.4　标准

在标准及检测方面，相关部门做了大量的工作，重点加强了照明产品的标准体系的建设，使我国照明产品的生产和照明设计的标准体系不断完善，先后完成了我国的照明产品能效标准、设计节能评价标准及现场检测标准，并成立了相关的国家检测机构。这些都为我国城市照明的发展与节能降耗奠定了基础。

（1）产品能效标准

1997年，我国开始了照明产品能效标准的研究工作，先后组织研究制定了自镇流荧光灯、双端荧光灯、高压钠灯和金属卤化物灯以及高压钠灯镇流器、金属卤化物灯镇流器、单端荧光灯能效标准。到目前为止，我国已正式发布的照明产品能效标准已有8项，从数量和质量两方面讲，我国照明产品能效标准的研究水平已位居世界前列，见表5-1-1。

表5-1-1　我国已制定的照明产品能效标准

序号	标准编号	标准名称	发布日期	实施日期
1	GB17896—1999	管型荧光灯镇流器能效限定值及节能评价值	1999-11-01	2000-06-01
2	GB19043—2003	普通照明用双端荧光灯能效限定值及能效等级	2003-03-17	2003-09-01
3	GB19044—2003	普通照明用自镇流荧光灯能效限定值及能效等级	2003-03-17	2003-09-01
4	GB19415—2003	单端荧光灯能效限定值及节能评价值	2003-11-27	2004-06-01
5	GB19573—2004	高压钠灯能效限定值及能效等级	2004-08-17	2005-02-01
6	GB19574—2004	高压钠灯用镇流器能效限定值及节能评价值	2004-08-17	2005-02-01
7	GB20053—2006	金属卤化物灯用镇流器能效限定值及能效等级	2006-01-09	2006-07-01
8	GB20054—2006	金属卤化物灯能效限定值及能效等级	2006-01-09	2006-07-01

我国照明产品能效标准主要有三个方面的内容：

一是能效等级。我国的照明产品能效等级均分为3级，1级是国际先进水平，目前市场上没有或只有少数产品能够达到；2级是国内先进、高效产品，是节能评价值，达到2级及以上的产品经过认证可以取得节能认证标志；3级为能效限定值，3级以下为淘汰产品，禁止在市场上出售。

二是能效限定要求。它在标准实施时将作为强制性指标。能效限定值是国家允许产品的最低能效值，低于该值的产品则是属于国家明令淘汰的产品。

三是节能评价要求。属于推荐性指标，是开展节能产品认证的技术依据。当照明产品是符合节能评价要求的合格品时，企业可向国家节能产品认证中心申请节能产品认证并获得其颁发的节能标志和证书。

GB19573—2004《高压钠灯能效限定值及能效等级》规定了高压钠灯的能效限定值（表5-1-2中的3级）、节能评价值（表5-1-2中的2级）、目标能效限定值（表5-1-2中的1级）和能效等级。具体数值见表5-1-2。

表 5－1－2　高压钠灯能效限定值及能效等级

额定功率（W）	最低平均初始光效值（lm/W）		
	能效等级		
	1 级	2 级	3 级
175	86	78	60
250	88	80	66
400	99	90	72
1000	120	110	88
1500	110	103	83

GB20054—2006《金属卤化物灯能效限定值及能效等级》主要规定了金属卤化物灯的能效限定值（表 5－1－3 中的 3 级）、节能评价值（表 5－1－3 中的 2 级）和能效等级。具体数值见表 5－1－3。

表 5－1－3　金属卤化物灯能效限定值及能效等级

额定功率（W）	最低平均初始光效值（lm/W）		
	能效等级		
	1 级	2 级	3 级
50	78	68	61
70	85	77	70
100	93	83	75
150	103	93	85
250	110	100	90
400	120	110	100
1000	130	120	108

GB19574—2004《高压钠灯用镇流器能效限定值及节能评价值》规定了高压钠灯镇流器的能效限定值、节能评价值和目标能效限定值。具体数值见表 5－1－4。

表 5－1－4　高压钠灯用镇流器能效限定值及节能评价值

额定功率（W）		175	250	400	1000	1500
BEF	1 级	0.514	0.362	0.233	0.0958	0.0638
	2 级	0.488	0.344	0.220	0.0910	0.0606
	3 级	0.463	0.326	0.209	0.0862	0.0574

GB20053—2006《金属卤化物灯用镇流器能效限定值及能效等级》规定了金属卤化物灯镇流器的能效限定值（表 5－1－5 中的 3 级）、节能评价值（表 5－1－5 中的 2 级）和能效等级。具体数值见表 5－1－5。

表 5－1－5　金属卤化物灯用镇流器能效限定值及能效等级

额定功率（W）		70	100	150	250	400	1000
BEF	能效限定值	1.16	0.83	0.57	0.340	0.214	0.089
	目标能效限定值	1.21	0.87	0.59	0.354	0.223	0.092
	节能评价值	1.26	0.91	0.61	0.367	0.231	0.095

（2）照明节能评价标准

近年来建设部组织先后完成的照明节能评价标准见表 5－1－6。

表 5－1－6　我国已制定的照明节能评价标准

序号	标准编号	标准名称	发布日期	实施日期
1	GB50034—2004	建筑照明设计标准	1999－11－01	2000－06－01
2	CJJ45—2006	城市道路照明设计标准	2006－12－19	2007－07－01
3	JGJ/T163—2008	城市夜景照明设计规范	2008－11－04	2009－05－01

• 城市道路照明设计标准

建设部于 2006 年批准《城市道路照明设计标准》（CJJ45—2006）为行业标准，自 2007 年 7 月 1 日起实施。原行业标准《城市道路照明设计标准》（CJJ45—91）同时废止。这是随着我国经济的发展而应运而生的新的技术标准。新的标准完善了对道路照明标准的规定；借鉴国外道路照明的研究成果，使我国的标准与国际先进水平靠拢；增加道路交会区和人行交通道路的照明规定，增加节能标准和指标，提出对影响道路交通的非功能性照明的限制等内容。

道路照明是城市照明非常重要的一部分，在新标准中提出，机动车交通道路照明应以照明功率密度（LPD）作为照明节能的评价指标，各道路 LPD 值不得大于表 5－1－7的规定。

表 5－1－7　机动车交通道路的照明功率密度值

道路级别	车道数（条）	照明功率密度值（LPD）（W/m^2）	对应的照度值（lx）
快速路 主干路	≥6	1.05	30
	<6	1.25	
	≥6	0.70	20
	<6	0.85	
次干路	≥4	0.70	15
	<4	0.85	
	≥4	0.45	10
	<4	0.55	

续表

道路级别	车道数（条）	照明功率密度值（LPD）（W/m²）	对应的照度值（lx）
支路	≥2	0.55	10
	<2	0.60	
	≥2	0.45	8
	<2	0.50	

注：1. 本表仅适用于高压钠灯，当采用金属卤化物灯时，应将表中对应的 LPD 值乘以 1.3。

2. 本表仅适用于设置连续照明的常规路段。

3. 设计计算照度高于标准时，LPD 值不得相应增加。

- 城市夜景照明设计规范

该标准主要是根据我国目前城市夜景照明的发展以及对照明现状所进行的重点调查和实践经验，并参考现行的国际和一些发达国家的城市夜景照明标准经过分析、研究和验证后制订的。它全面系统的对城市夜景照明设计的数量指标（如照度和亮度）、质量指标（光源颜色、对比度、立体感、眩光限制等）、各类场所（建筑物、构筑物、商业步行街、广场、公园、广告与标识等）的照明要求、照明节能措施、照明配电及控制等方面做出了详细规定。

首先为避免过分的追求高亮度，减少能源消耗，标准规定在照明设计中，应根据被照场所的功能、性质、环境区域亮度、表面装饰材料及所在城市的规模等，确定所需的照度或亮度值。同时，本标准规定了建筑物立面夜景照明采用功率密度值照明功率密度（LPD），见表 5-1-8。

表 5-1-8 建筑物夜景照明的照明功率密度值（LPD）

建筑物饰面材料	反射比（ρ）	城市规模	E2 区		E3 区		E4 区	
			对应照度（lx）	功率密度（W/m²）	对应照度（lx）	功率密度（W/m²）	对应照度（lx）	功率密度（W/m²）
白色外墙涂料、乳白色外墙釉面砖、浅冷、暖色外墙涂料、白色大理石	0.6~0.8	大	30	1.3	50	2.2	150	6.7
		中	20	0.9	30	1.3	100	4.5
		小	15	0.7	20	0.9	75	3.3
银色或灰绿色铝塑板、浅色大理石、浅色瓷砖、灰色或土黄色釉面砖、中等浅色涂料、中等色铝塑板等	0.3~0.6	大	50	2.2	75	3.3	200	8.9
		中	30	1.3	50	2.2	150	6.7
		小	20	0.9	30	1.3	100	4.5

续表

建筑物饰面材料	反射比（ρ）	城市规模	E2区		E3区		E4区	
			对应照度（lx）	功率密度（W/m²）	对应照度（lx）	功率密度（W/m²）	对应照度（lx）	功率密度（W/m²）
深色天然花岗石、大理石、瓷砖、混凝土等 褐色、暗红色釉面砖、人造花岗石、普通砖等	0.2~0.3	大	75	3.3	150	6.7	300	13.3
		中	50	2.2	100	4.5	250	11.2
		小	30	1.3	75	3.3	200	8.9

注：为保护E1区（天然暗环境区）的生态环境，建筑立面不应设置夜景照明。

综上从数量和质量两方面讲，我国照明产品能效标准以及评价标准的研究水平已位居世界前列。

2 城市照明技术产业存在的问题

尽管我国城市照明技术产业取得了长足的进展，积累了不少经验，但仍存在一些亟待解决的问题。

2.1 产品质量水平虽有所提高但没得到明显改观

“CCC”强制性产品认证制度，是各国政府为保护广大消费者人身和动植物生命安全，保护环境、保护国家安全，依照法律法规实施的一种产品合格评定制度，它要求产品必须符合国家标准和技术法规。强制性产品认证，是通过制定强制性产品认证的产品目录和实施强制性产品认证程序，对列入《目录》中的产品实施强制性的检测和审核。凡列入强制性产品认证目录内的产品，没有获得指定认证机构的认证证书，没有按规定加施认证标志，一律不得进口、不得出厂销售和在经营服务场所使用。

强制性产品认证制度在推动国家各种技术法规和标准的贯彻、规范市场经济秩序、打击假冒伪劣行为、促进产品的质量管理水平和保护消费者权益等方面，具有其他工作不可替代的作用和优势。认证制度由于其科学性和公正性，已被世界大多数国家广泛采用。实行市场经济制度的国家，政府利用强制性产品认证制度作为产品市场准入的手段，正在成为国际通行的做法。2002年，中国实行了“CCC”强制认证，企业的产品质量有了很大的提高，到目前为止，已有2300多家灯具企业通过了“CCC”认证，发放证书5600多张。但按照目前的灯具生产企业数量来看，还有很多企业没有申请或没有获得“CCC”认证，同时由于“CCC”认证的市场监管没有到位，许多企业虽取得了“CCC”认证证书，但在生产过程中却没有按照标准生产，致使市场中的灯具产品质量没有明显改观。

2.2 照明电器行业整体技术水平不高

由于信息不畅、投入少、研究开发力度不够，影响技术水平的提高。目前，中国电光源产品和主要电器附件的质量与国际水平相比差距较大，关键设备自主开发能力弱，原材料和配件的发展不协调，能够获得消费者认同的名牌产品少，不能适应产业化发展的要求。同时，照明电器行业企业规模小而分散，绝大多数企业缺乏与世界一流照明电器生产企业竞争的能力。

据统计，照明电器行业产品抽查的合格率最高只有80%～90%，而其他行业大都能够达到100%。其实照明电器事关人身安全，质量水平应该更高，更应该保证100%的合格率。质量水平偏低的原因很多，主要是很多企业重视不够，对相关法律法规不严格遵守，还有的企业由于技术水平的问题，难以达到行业的相关质量标准，甚至对于有关质量标准的规定根本就不理解。这样就导致大量不合格产品流入市场。在去年7月的全国质量工作会议上，温家宝总理提出，要全面强化质量监管，特别是对涉及人身健康和安全的产品，要进一步提高生产许可条件和市场准入门槛；要加快产品质量标准体系建设，要及时跟踪和掌握国外先进标准情况，加快完善国家标准，主要指标要符合国际标准。这是照明电器企业应该认真落实的。

2.3 照明电器产品市场不规范，品牌产品少

过去一段时期，假冒伪劣的照明电器产品对市场冲击很大，千辛万苦投入大量人力、财力研发出来的新品，一眨眼就被盗版了，被反包围剿灭了，造成消费者对使用高效照明电器产品失去信心。企业良性竞争的机制尚未形成，一些假冒伪劣产品充斥市场，损害了消费者的利益，部分生产企业靠牺牲产品质量抢占市场，影响了高效照明电器产品的形象。

我国虽然已是世界上照明产品的第一出口大国，但出口产品的档次太低。我们的企业很少以自己的品牌出口，基本上是国外公司在中国加工、采购，然后以国外公司的品牌在世界各国销售。尤其是加入WTO后，国内的灯具出口企业基本上成为了世界灯具加工厂，同样的产品，我们的出口价与欧美等发达国家的市场价相差在10倍左右。

因此，中国的灯具企业应加大自主产品的开发力度，提高产品的技术含量，创造自己的世界知名品牌，共同努力使中国的灯具成为世界灯具出口强国。另外灯具出口企业应随时了解出口国家或地区的市场情况，以应对不测。据了解，欧洲的许多灯具生产厂家在去年和今年压缩了生产规模，甚至将生产部门去掉，只保留销售部门，产品完全转向我国国内采购，这种状况随时会引发某些国家采取措施，如反倾销。

作用决定地位，地位确定品牌，未来的发展就是品牌的战争。如果一个企业通过自身的努力，而带动了整个行业的发展，那么无疑它将成为行业的龙头，品牌效益也会直线提升。

2.4 激励政策不完善

尽管制定了多项照明产品的能效标准，一些企业的产品取得了节能认证，但激励政策不完善、配套法规不完善，缺少鼓励照明电器产品生产、使用的财政、税收优惠政策，推广高效照明产品缺乏有效的投融资渠道和激励机制，缺乏有效的市场监管，企业良性竞争的机制尚未形成，一些假冒伪劣产品充斥市场，不能够对企业进行有效监督，一些推荐性标准的实施效果还很差。

2.5　监督机制不健全

尽管我国完善了城市照明的相关标准体系，并制定了相关的设计、施工标准，但由于缺乏有效的监督管理机制，工程验收时照明的效果及实际耗能不在验收范围之内，有时实际情况距离标准的要求相差很远。

2007 年全国检查，共对 32 个违反工程建设强制性标准和存在质量安全隐患的工程项目下发了《建设工程质量安全监督执法建议书》。从检查统计看，勘察、设计、施工环节工程建设强制性标准检查项的符合率分别为 72.29%、80.65%、55.96%；各方主体质量行为检查项的符合率分别为：建设单位 93.01%、勘察设计单位 75.03%、施工单位 58.90%、监理单位 59.91%、工程质量检测机构 94.80%、施工图审查机构 97.21%。建设、勘察、设计、施工、监理等各方责任主体均不同程度存在质量安全问题，个别工程执行工程建设强制性技术标准的情况不容乐观。

对于强制性标准和存在质量安全隐患的工程项目检查的情况是这样，对于照明工程执行标准的情况可能会更糟。

2.6　缺乏信息和市场引导

中国有照明节能产品生产企业上千家，由于数量多、分布散，既有规模较大、严格按照国家技术标准规范生产的企业，也有一些小企业的产品往往靠低价在国内灯具市场立足，消费者难以在市场上方便地选购到优质可靠的高效照明电器产品。特别是一些市场招标工程的低价中标方式，为一些靠低价低质竞争的小企业创造了市场。一旦效果不好不仅破坏了照明节能产品在消费者心目中的形象，而且不利于符合标准的优质产品企业的发展。

3　城市照明技术发展方向

3.1　节能高效

城市照明节能是未来照明技术发展的主要趋势，也是未来照明行业发展的主要趋势，无论是光源还是灯具以及电器附件如镇流器、变压器均要体现节能高效。国外一些国家都制定了相关的逐步淘汰计划，在我国有必要采取积极的态度，同时我们也要清醒地认识到中国是一个发展中国家，地区之间发展极不平衡，西部欠发达地区和广大农村与东部沿海地区经济发展水平上存在较大差距，因此这一过程需要一定的时间，需要政府和各界人士共同努力推动。

陶瓷金属卤化物灯自 20 世纪 90 年代发明至今，得到了长足的发展，已经进入实用阶段，其发光效率比石英金属卤化物灯提高 20% 以上（可达 115lm/W），而且光色更好，色温 3000K 陶瓷金属卤化物灯的显色指数达到 80 以上，色温 4200K 灯泡的显色指数达到 90 以上。是当今最具发展前景的照明光源之一。

虽然在城市照明中，LED 仍然不能完全取代传统光源，但是它以其长寿命、体积小、光色纯等优势已经在城市照明，特别是城市景观照明中得到了广泛的应用。预计 2020 年 LED 的光效将达到 200lm/W，单颗光通量、成本以及散热问题都将得到较好的解决，LED 在城市照明中也将得到全面应用。应该说 LED 未来发展潜力巨大。

3.2 保护环境

保护人类赖以生存的环境已成为全球的共识，中国改革开放以来经济的快速发展，造成了一定程度的环境污染，同时也受到了自然规律的惩罚，付出了较为沉重的代价。中国政府开始认识到环境问题的严重性。节约能源也是在保护环境，照明节电减少了由于发电而产生的二氧化碳和二氧化硫的排放，也同样是为保护环境作出贡献。

对照明行业影响较大的是欧盟推出的 RoHS 指令和 WEEE 指令。与此相对应我国政府也已经或即将推出相应的法规，由信息产业部等 7 部委出台的《电子信息产品污染物管理办法》类似 RoHS，而废旧电子电气产品回收处理的有关法规也已由环保局推出。目前国家发改委正在进行《中国废弃照明电器产品回收利用政策措施》的研究，也是为将来出台相关法规做前期准备。

照明电器产品生产过程中的污染控制也要引起我们的高度重视，我们高兴地看到行业内已出现了一些可喜的现象，如玻璃企业大力开发生产无铅玻管；荧光灯企业逐步用固态汞替代液态汞，一方面减少了注汞量，另一方面减少了生产过程中的汞污染；无铅焊锡的使用也在逐步推广，有的企业已经或准备上马灯管回收处理设备。

不可否认，采取上述保护环境的措施会增加成本，但从发展的角度，必须引起足够重视，这也是企业的社会责任。

3.3 全面提高产品的质量

我国的照明电器工业经过多年的发展已经形成相当规模，已成为全球照明产品的生产基地，这已是不争的事实。多年来，经过全行业的共同努力，我们的产品质量有了大幅度提高，但不可否认与世界先进水平相比，我们的产品质量仍存在一定差距。出口产品大部分仍以价格取胜，同时仍有少量不规范的企业，不顾产品质量，以低价向国内外市场倾销，这种情况必须改变。产品质量问题已经影响到国家的整体形象。不论国内市场还是国外市场，劣质产品均会损害消费者的利益。

我们高兴地看到有些企业在国内具有了一定的品牌知名度，还有一些企业在出口产品中打出了自己的品牌，这些是非常值得鼓励和提倡的，希望有更多的照明产品生产企业在国内外市场中创出自己的品牌。

3.4 照明新科技层出不穷

随着整个科学技术的飞速发展，高新技术的不断出现，照明领域的新光源、新灯具、新材料、新方法和新技术层出不穷，有力地促进了城市照明的发展，使照明的技术和艺术水平越来越高，照明效果越来越好。用一般传统的照明方法或技术难以解决的问题，如远离光源的照明问题，变光变色的动态照明问题，重大庆典活动或节日的特殊夜间景观照明问题，超高层建筑照明的维修问题及边远缺电地区的照明问题等等，通过光纤、导光管、LED 灯、激光、太空灯球、变色电脑灯、光电转换技术等的应用均可得到解决，不仅收到了令人叹为观止、魅力无穷的景观效果，而且社会和技术经济效益也十分显著。

4　加快城市照明技术进步的建议

4.1　大力提高照明技术的研发力度

由于电光源产品技术含量高，目前我国自行研发的光源技术水平远低于国外的飞利浦、欧司朗等知名品牌。一些重点工程都被这些国外的知名品牌垄断，国内企业主要是是引进美、英等发达国家的生产线，因此，中国的灯具企业应加大自主产品的开发力度，提高产品的技术含量，创造具有自主知识产权的知名品牌。同时，要加大太阳能、风能等新能源转换效率及蓄电技术的攻关、研发力度，争取新能源在城市照明中大规模使用，实现城市照明的源头节能。

4.2　严格市场准入，加强监督管理

在不断完善照明产品和建筑照明设计有关标准的同时，加大力度开展专项检查和国家监督抽查。达不到国家强制性标准要求的产品，不得生产、销售。要继续组织实施照明产品节能认证，规范认证行为，同时积极研究照明产品实施能源效率制度的可行性。

4.3　建立激励机制，加快照明节能产品的推广应用

通过落实财政部和国家发改委发布的《节能产品政府采购实施意见》，推动政府机构优先采购高效照明节电产品。要将高效照明产品纳入《节能产品目录》，提出鼓励高效照明产品生产、使用的财政税收政策。要在试点的基础上，稳步推进需求侧管理、大宗采购、合同能源管理和质量承诺等基于市场的照明节电新机制。

4.4　建立监督管理机制

建立相应的监督管理机制，推动市场约束机制的建立、辅助政府的质量监管，加强施工图审查制度，完善工程验收制度，强化设计、验收工作中对于节能指标的审查。特别是新建、改建的工程必须进行施工图设计文件审查。施工图未经审查合格的，不得使用，不得颁发施工许可证。工程验收时将照明的效果及实际耗能作为验收的必备因素，不符合设计要求的不得竣工。

参考文献

1. 国家相关文件
2. （日）中岛龙兴，等．照明设计入门．马俊译．北京：中国建筑工业出版社，2005
3. 建筑照明设计标准 GB 50034—2004
4.《城市道路照明设计标准》CJJ 45—2006
5. （日）照明学会编．照明手册．李农，等译．北京：科学出版社，2005
6. 北京照明学会．照明设计手册．北京：中国电力出版社，1998
7. （日）中岛龙兴，等．照明灯光设计．马卫星译．北京：理工大学出版社，2003
8. （美）M·戴维·埃甘，等．建筑照明．袁樵译．北京：中国建筑工业出版社，2006
9. 肖辉乾，赵建平．城市照明节能若干问题的思考．2008 中国道路照明论坛论文集（会刊），2008

附　录

附录一：关于实施《节约能源——城市绿色照明示范工程》的通知

建城〔2004〕97号

各省、自治区建设厅，北京市政管理委员会，上海市市容卫生管理局，天津市市容环境管理委员会，重庆市市政管理委员会：

为了落实科学的发展观，指导城市照明工作健康发展，进一步提高我国城市照明的总体水平，按照推进《中国绿色照明工程促进项目》的要求，经研究决定，我部将实施《节约能源——城市绿色照明示范工程》。节约能源——城市绿色照明的基本宗旨是：节约能源、保护环境和促进健康；主要目的是：通过该工程的实施，缓解城市照明的快速发展与电力供应紧张之间的矛盾，使城市照明工作科学、健康、可持续发展。现将实施《节约能源——城市绿色照明示范工程》的有关事项通知如下：

一、《节约能源——城市绿色照明示范工程》活动的范围和具体项目

（一）《节约能源——城市绿色照明示范工程》的范围包括：

1. 由政府部门投资建设的城市户外公共照明，包括功能照明和景观照明；

2. 由企事业单位投资建设的住宅小区内的功能照明、景观照明，以及自有物业的景观照明；

3. 旅游风景区的功能和景观照明。

（二）具体工程项目如下：

1. 城市道路，街道的功能照明；

2. 城市广场、公共公园、住宅小区的功能照明；

3. 城市车站、机场、港口、关口、室外公共空间的功能照明；

4. 商业区及步行街的功能和景观照明；

5. 城市标志性建筑物的景观照明；

6. 城市历史名胜古迹的景观照明；

7. 城市园林绿化的景观照明；

8. 城市风景名胜区（滨江，滨海、滨河、山体、丘岭）的功能和景观照明；

9. 城市照明的集中管理、监控系统。

二、《节约能源——城市绿色照明示范工程》的申报条件

（一）已完成了城市照明专业规划，并符合城市总体规划要求；

（二）项目必须是城市中一定范围区域内的景观照明和功能照明，并符合城市照明专业规划；

（三）设计中充分考虑了有效利用能源，保护生态，防止光污染的技术和措施，并有明确节能环保目标；

（四）项目规划设计符合《节约能源——城市绿色照明示范工程》评价标准；

（五）城市已制订了城市照明相关的法规、制度、标准、规范等；

（六）具有常设的城市照明管理机构和明确的项目管理部门。

三、申报程序

（一）申报程序：各地城市照明管理部门对本地区新建城市照明项目及改造项目进行推荐或申报，经各省、自治区建设厅资格审定后报建设部，直辖市、副省级城市直接报建设部，最后由建设部组织城市照明专家进行评审确定；

（二）申报受理和管理机构：建设部城建司；

（三）申报截止时间：2004 年 8 月 20 日；

（四）申报材料：①申报表；②推荐表；③项目的所有技术文件（包括：项目背景说明、设计说明、设计参照标准、照度计算、能耗密度计算、布灯及布线图、灯具的技术参数、节能环保措施、动态仿真效果图）。推荐表、申报表、技术图纸以书面形式，图像视频资料以光盘形式上报一式三份。

附件：1. 城市绿色照明示范工程实施说明

2. 《节约能源——城市绿色照明示范工程》的评价指标

3. 《申报表》

4. 《推荐表》

中华人民共和国建设部

二〇〇四年六月十四日

城市绿色照明示范工程实施说明

近年来，随着我国城市经济技术的高速发展，人民生活水平不断提高，城市照明在改善城市人居环境质量和城市形象，提高城市整体素质，推动内需，拉动城市夜间经济起到了显著作用。城市照明工作在城市建设及人们生活中的地位也越来越重要，同时也得到了各级政府的高度关注。

但是，我国城市照明的发展尚存在着种种问题。为解决城市照明中出现的问题，正确规范和指导我国城市照明建设工作，特开展《节约能源——城市绿色照明示范工程》活动，以总结和推广我国城市照明工作的经验，使我国城市照明工作尽快走上科学、健康、可持续发展的道路。

一、城市绿色照明的科学定义

城市绿色照明是指城市公共空间，通过科学的照明设计，采用高效、节能、环保、安全和性能稳定的照明产品，改善人居环境，提高人们生活质量，从而创造一个安全、舒适、经济、有益的环境并充分体现现代文明的照明。城市绿色照明的宗旨是保护环境、节约能源和促进健康。

二、我国绿色照明工作的开展情况

“中国绿色照明工程”是国家经贸委会同国家计委、科技部、建设部、国家质量技术监督局等13个部门，在“九五”期间共同组织实施的一项旨在节约电能、保护环境、改善照明质量的重点节能示范工程。在有关各方的共同努力下，工程实施取得了明显的社会效益和经济效益。

在“十五”期间，国家发改委与联合国开发计划署（UNDP）又合作开发了“国家发改委/联合国开发计划署（UNDP）/全球环境基金（GEF）中国绿色照明工程促进项目”。

“中国绿色照明工程促进项目”将在整个“十五”期间实施。为支持项目实施，全球环境基金（GEF）为项目提供赠款813.5万美元；中国政府及有关项目承担单位将提供相应的配套资金。

项目的主要内容是针对不同类型建筑物的室内照明，推广、实施绿色照明方案，并力求到2010年实现建筑物室内照明节电10%的目标。

三、我国城市照明发展状况

随着我国经济建设的高速发展，城镇化进程的加速，城市照明得到了长足发展。城市照明对改善城市人居环境、提高城市整体素质、推动内需、拉动城市夜间经济发挥了积极作用，为城市的社会效益、环境效益、经济效益作出了巨大贡献。

目前城市照明（指景观照明和功能照明的统称）的年用电量约占全国总发电量的4%~5%，2002年我国总发电量为16758.2亿度，城市照明年耗电约为612.8亿度，相当于在建三峡水力发电工程投产后的发电能力（840亿度），是1998年前用电量的3~4倍。为此，城市照明节电，具有重要意义。

四、开展《节约能源——城市绿色照明示范工程》的宗旨和主要目标

《节约能源——城市绿色照明示范工程》的宗旨是推动节约能源、保护环境、提高城市照明质量、改善城市人居环境，以适应和服务于我国的社会进步和现代化进程。主要目标包括：

1. 纠正城市照明工作中片面追求高亮度、多色彩、大规模的不正之风。

2. 提高城市照明工作者的节能环保意识，使城市照明工作者更多地了解高效节能照明系统的益处。

3. 推进照明节电，到2008年实现城市照明节电15%的目标。

4. 通过推进城市绿色照明，减少温室气体的排放。

5. 制定城市照明节能的规范和标准，促进我国城市照明工作科学、健康、可持续发展。

五、《节约能源——城市绿色照明示范工程》的组织实施

1. 组织国内外城市照明专家编写城市绿色照明的标准规范和有关文件。

2. 由各地城市照明主管部门根据示范工程的具体要求，组织示范工程项目的申报。

3. 由省、自治区建设厅组织初评，并将结果报部。

4. 由部确定示范工程项目，申请联合国开发计划署（UNDP）/全球环境基金（GEF）的项目资助，并对项目进行全程指导跟踪。

附录二：《关于加强城市照明管理促进节约用电工作的意见》

建城〔2004〕204号

各省、自治区建设厅、北京市、重庆市市政管理委员会、上海市建委、市容环境卫生管理局，天津市市容环境管理委员会；各省、自治区、直辖市及计划单列市、副省级省会城市发展改革委（计委）、经贸委（经委）：

为了贯彻落实党的十六届三中全会提出的“坚持以人为本，树立全面协调可持续的科学发展观”，进一步加强城市照明管理，促进节约用电，引导我国城市照明工作健康发展，提出如下意见：

一、充分认识加强城市照明管理的重要意义

城市照明是城市功能照明和景观照明的总称，主要是指城市范围内的道路、街巷、住宅区、桥梁、隧道、广场、公园、公共绿地和建筑物等功能照明与夜间景观照明。城市照明对城市交通安全、社会治安、人民生活、美化环境等具有重要作用，是重要的城市基础设施，是城市管理的重要内容。

改革开放以来，我国的城市照明发展很快，对完善城市功能，改善城市环境，提高人民生活水平发挥了积极作用。但是，从总体上说，城市照明水平还不高，主要表现在：法规和相关标准滞后，建设市场混乱，重视工程建设，轻视维护管理；忽视照明设计的文化品位与环境的和谐，单纯追求亮度，追求豪华，造成光污染；使用低效照明设备，电能浪费严重，加剧城市用电的紧张等。

城市照明管理直接关系到节约能源、保护环境，关系到人民群众的生活，体现了一个城市的文化品位和管理水平。各级建设行政主管部门要努力提高对城市照明管理工作的认识，积极会同节能主管部门，进一步加强对城市照明工作的组织和指导，采取有力措施，提高城市照明管理工作的水平。

二、明确城市照明工作的原则和主要任务

城市照明必须坚持以人为本、全心全意为城市居民服务的原则；坚持经济实用、节约用电、保护环境的原则；坚持照明建设与当地经济水平相适应的原则。今后一个时期，城市照明工作的主要任务是：

1. 努力完善城市的功能照明。要重点解决城市道路有路无灯、有灯不亮的问题，以保证人民群众夜间出行的安全。要完善城市广场、公园、码头、车站等公共区域的功能照明。大城市亮灯率要达到97%，中小城市要达到95%；城市道路装灯率要达到100%，公共区域装灯率要达到95%；主次干道的亮度指标应满足设计标准值的要求。

2. 抓好城市照明的规划设计。要按城市规划和城市照明专项规划的要求，结合城市的建设与改造，设置照明设施，并做到统一规划、统一设计。城市景观照明要严格按标准设计、按规划建设，讲究亮度与色彩的科学配置，把满足人的安全感、舒适感放在首位，避免光污染，使照明与自然夜空相和谐。

3. 大力推广节能技术，提高电能利用效率。严格按照照明设计标准规范进行照明设施的建设，不得超标准建设；新建、改建照明项目必须采用科学的照明设计方法，推广采用高效照明电器产品（见附件）和节能控制技术。2006 年年底前，所有城市要完成节能灯具的改造任务；尽快实现节能型的城市照明体系。

三、强化城市照明规划的指导作用

城市照明主管部门要会同城市规划主管部门和节能主管部门，以城市总体规划为依据，抓紧编制城市照明专项规划。城市照明专项规划应当包括以下内容：第一，根据城市功能照明与景观照明的需要，提出照明的量化指标；第二，根据城市自然地理环境、人文资源和经济发展水平，按照城市不同的功能分区，确定其照明效果；第三，制定城市照明的环保与节能的具体措施，提出实施方案。

各城市应在 2008 年以前完成城市照明专项规划的编制工作。省级建设行政主管部门要对规划的编制和执行情况进行全面检查。对未按规定编制规划的，要限期完成编制工作；对已编制规划，但不符合城市发展需求和节约用电、保护环境原则的，要在规定时间内修改完善；对违反规划的，要监督其改正。

四、切实抓好城市照明的节约用电工作

在城市照明行业广泛开展节约用电活动，有条件的城市应实施城市照明集中监控和分时控制模式，努力降低电耗。

不论是道路照明设施建设项目还是景观照明建设项目的设计方案，都应进行充分论证，要按照照明节能设计标准，优先选用通过认证的高效节能产品，禁止使用低效的照明产品。

积极推行合同能源管理，对于节电工作开展得好、节电效果显著的单位，各地应予以奖励。

要以节约能源、保护环境、促进健康为宗旨，积极推广绿色照明，抓好城市绿色照明示范工程，提高城市照明质量、努力改善城市人居环境。

五、积极稳妥地推进城市照明管理体制改革

按照“政事分开、政企分开”的原则，改革建管养一体的管理体制。按照建设部《关于加快市政公用行业市场化进程的意见》，养护作业应推向市场，实行养护维修作业招标投标制。

按照“有利管理、集中高效”的原则，积极探索将城市照明建设、管理统一到一个部门，集中行使管理职能。

公益性的城市道路照明、景观照明，应纳入公共财政体系，由城市政府提供必要的资金保证。开征电力附加费的地方必须做到专款专用，保证其维护经费与电费的正常支出。

六、建立健全城市照明法规和标准体系

要加快城市照明的法制建设，建立和完善法规、规章制度，做到依法建设、依法管理。依法治理城市照明建设中的光污染。负责城市照明的主管部门要与城建监察部门、电力部门密切配合，依法打击盗窃和恶意破坏城市照明设施的行为。

完善城市照明标准体系，制定城市照明工程强制性标准。要尽快制定城市照明规划建设标准和光污染控制标准，引导城市照明向“高效、节能、环保、健康”的方向发展。

七、加强城市照明建设市场管理

要按照《招标投标法》、《建筑法》和《建设工程质量管理条例》的有关规定，加强对城市照明工程的市场管理。城市照明单项工程要严格执行城市及道路照明工程专业承包资质管理制度，严禁无证承包。要充分发挥城市照明工程专家的作用，实施城市照明工程项目设计方案的专家论证制度。

政府投资和政府为主投资的城市照明工程项目，应当按照《建筑法》、《招标投标法》等有关规定，进行招标或采购。

附：城市照明中鼓励推广采用的高效照明电器产品目录

（一）电光源产品

1. T8 双端荧光灯（三基色）（产品能效值符合 GB19043—2003《普通照明用双端荧光灯能效限定值及能效等级》的要求）

2. T5 双端荧光灯（三基色）（产品能效值符合 GB19043—2003《普通照明用双端荧光灯能效限定值及能效等级》的要求）

3. 自镇流紧凑型荧光灯（产品能效值符合 GB19044—2003《普通照明用自镇流荧光灯能效限定值及能效等级》的要求）

4. 高压钠灯（产品能效值符合 GB19573—2004《高压钠灯能效限定值及能效等级》中能效评价值的要求）

5. 金属卤化物灯（产品能效标准正在制定之中）

（二）镇流器

1. 管形荧光灯用电子镇流器（产品能效值符合 GB17896—1999《管形荧光灯镇流器能效限定值及节能评价值》的要求）

2. 管形荧光灯用高效电感镇流器（产品能效值符合 GB17896—1999《管形荧光灯镇流器能效限定值及节能评价值》的要求）

3. 高压钠灯镇流器（产品能效值符合 GB19574—2004《高压钠灯用镇流器能效限定值及节能评价值》的要求）

4. 金属卤化物灯镇流器（产品能效标准正在制定之中）。

中华人民共和国建设部

中华人民共和国国家发展和改革委员会

二○○四年十一月二十三日

附录三：关于印发《“十一五”城市绿色照明工程规划纲要》的通知

建办城〔2006〕48号

各省、自治区建设厅，北京市、重庆市市政管理委员会，上海市建设交通委、市容环境卫生管理局，天津市市容环境管理委员会：

为了进一步落实国家“十一五”绿色照明工程实施纲要，指导“十一五”城市绿色照明工作，我部研究制定了《“十一五”城市绿色照明工程规划纲要》，现印发给你们。

中华人民共和国建设部办公厅

二〇〇六年七月四日

“十一五”城市绿色照明工程规划纲要

根据《国民经济和社会发展第十一个五年规划纲要》和建设事业“十一五”规划的要求，为贯彻落实节约资源和保护环境的要求，我部组织编制了“十一五”全国城市绿色照明工程规划纲要。本纲要主要阐明城市照明健康、高效、安全、科学发展的指导原则，提出工作目标和重点，以及落实的措施。是各地实施城市绿色照明工程的依据，是推动我国城市照明行业持续发展的规划蓝图。

一、持续推进城市绿色照明工程的重要性

随着我国经济建设的发展，城镇化进程的加速，城市照明得到了长足发展。针对城市照明发展中的能源需求和消耗不断加大，以及光污染等问题。建设部会同国家发改委、科技部等部门，在总结“绿色照明工程”工作经验的基础上，在城市照明行业大力推进绿色照明工程，在“十五”期间取得了积极的进展：明确了城市绿色照明的管理部门；进一步完善城市照明节电管理体制；城市照明法规、绿色照明标准体系建设不断加强；“城市绿色照明示范工程”活动积累了有益的经验；积极推广和采用高效照明电器产品；城市照明日常维护管理工作得到新的加强。“十五”期间，城市绿色照明工作基本上完成了“完善法规、规范市场、典型示范、宣传教育、国际合作”的主要任务，取得了显著的经济效益和社会效益。

但是，从总体看，城市绿色照明工作还刚起步，发展不平衡，还存在不少问题和薄弱环节。如城市照明的宏观指导还不够有力，相关的配套制度还不完善，市场监管制度还不够健全，低效率、高能耗、光污染等问题仍然较为突出，全社会节约用电、保护环境的意识有待进一步加强。

“十一五”期间是全面建设小康社会的关键时期。国家确定了“十一五”时期单位国内生产总值能源消耗降低20%的目标，强调要落实节约资源和保护环境的要求，建设低投入、高产出、低能耗、少排放、能循环、可持续的国民经济体系和资源节约型、环境友好型社会，并把“绿色照明——在公用设施、宾馆、商厦、写字楼以及住宅中推广高效节电照明系统等”列为十大节能重点工程之一。发展城市绿色照明事业面临着艰巨的任务，也面临着极好的机遇。

二、指导思想、遵循原则和主要目标

（一）指导思想

全面推进城市绿色照明工程，要以科学发展观统领全局，认真贯彻落实节约资源和保护环境的要求，认真贯彻落实我国“十一五”规划纲要明确的任务和要求。坚持以人为本，坚持节能优先，以高效、节电、环保、安全为核心，以健全法规标准、强化政策导向、优化产业结构、加快技术进步为重点，以依法管理为保障，解放思想，创新机制，健全法规，完善政策，强化管理，加强宣传，努力构建绿色、健康、人文的城市照明环境，切实提高城市照明发展质量和综合效益。

（二）遵循原则

1. 立足科学发展，建立健全政策、法规、标准，规范市场竞争，完善管理机制，规范“规划、设计、建设、验收、养护、监控、器材、销售”等管理环节。

2. 坚持以人为本，努力建立适宜、和谐、友好的照明环境，切实改善人居环境质量，提高公共服务水平，保障社会治安，统筹城乡区域协调发展。

3. 优化照明产业结构，强化政策导向，优化市场秩序，鼓励使用高效照明器材，实现结构节能。

4. 着眼建设资源节约型社会，以提高资源利用效率为核心，探索推进可再生能源研究与规模化应用，在生产和使用中，做到节能、节电、节材、环保。

5. 坚持科技创新，大力推进技术进步，加强国际交流合作，积极开发推广节能技术，实现技术节能。

（三）主要目标

1. 以2005年年底为基数，年城市照明节电目标5%，5年（2006~2010年）累计节电25%。

2. 在城市照明建设、改造工程中，全面推行专业管理机构规划、设计论证、专项验收制度。

3. 2008年以前，完成城市照明专项规划编制。

4. 完善功能照明，基本消灭无灯区。新改扩建的城市道路装灯率达100%，公共区域装灯率达98%以上。

5. 严格执行照明功率密度值标准。

6. 灯具效率在80%以上的高效节能灯具应用率达85%以上。

7. 高光效、长寿命光源的应用率达85%以上。

8. 使用的高压钠灯能效指标达到或超过GB19573—2004标准，达到或超过节能评价值GB19573—2004标准。

9. 高压钠灯镇流器能效指标能效因素（BEF）达到或超过GB19574—2004标准，倡议达到或超过节能评价值GB19574—2004标准。400W高压钠灯镇流器能效指标能效因素（BEF）不低于0.235。

10. 通过气体放电灯电容补偿，功率因素不小于0.85。

11. 道路照明主干道亮灯率达98%，次干道、支路亮灯率达96%。

三、工作重点

（一）加强法制建设，理顺管理体制

修订《城市照明管理规定》，完善规划、设计、施工、材料、验收、安全等方面的监管内容，配套完善实施细则。结合城市照明社会公益性和无偿性的特点，切实加强专业管理。积极推进改革，逐步放开作业市场，严格单位资质管理与个人作业资格管理，修改出台设计施工养护资质，规范市场竞争。坚持建设改造与维护管理并重，进一步理顺完善管理体制，积极将城市照明建设、管理统一到一个部门，集中行使管理职能。专业管理机构要会同有关建设行政主管部门对城市绿色照明初步设计、施工图文件实行动态管理、协同管理，严格执行“三同时”制度，在规划立项、方案设计、建设改造、验收检测、器材选用等各环节中，建立完善联动协调的工作机制。

（二）深入推进城市绿色照明及节电改造示范工程活动

要在认真总结经验的基础上，深入广泛开展城市绿色照明示范工程活动。通过评价指标、活动原则、具体形式的不断优化，提高示范工程质量，进一步扩大示范效应。同时在一些城市开展现有路灯、景观照明的节能改造，针对城市照明中存在的单纯追求亮度、追求豪华、能耗密度超标、道路照明过多装饰、光污染严重、采用低效能照明器材等问题，积极实施节电改造示范工程，对光源灯具、整个照明供配电系统在内的道路照明和景观照明系统进行全面改造。

（三）推广采用高效照明电器产品

定期或不定期制定高效照明工艺、技术、设备及产品的推荐目录，适时公布落后工艺、技术、设备及产品的淘汰目录。认真落实国家发展改革委和财政部颁布的《节能产品政府采购实施意见》。在政府采购中，要优先采购绿色产品目录中的产品，优先采购通过绿色节能照明认证、经过专业检测审核或通过环境管理体系认证的企业的产品，通过政府的绿色采购正确引导社会消费意识和行为。努力规范市场行为，帮助扶持城市照明优质、高效电器产品生产企业提高科技水平，鼓励引导他们自主创新，注重提高产品的科技含量，增强市场竞争力。

（四）加强城市照明产品能效标准体系建设

认真总结实施“中国绿色照明促进项目”经验，建立健全制订能效标准、节能认证、能效标识的工作协调机制。跟踪照明行业新产品的研发与应用情况，加快研究、起草、制订、完善各类新光源、新灯具等照明产品的能效标准。开展照明产品关于能效标准实施与监督机制的专题研究。切实推进城市照明电器领域能效标识、节能认证的市场监督管理机制，尽快建立能效领域的市场准入制度，引导用户使用优质、高效、节能的照明产品，为城市绿色照明提供物资器材保障。

（五）抓好专项规划编制工作

要从实际出发，坚持“以人为本、突出重点、保证功能、经济实用、节约能源、保护环境”的原则，抓紧编制城市照明专项规划，2008年全面完成。做到合理布局、主次兼顾、重点突出、特色鲜明，明确节电的指标和措施。对不符合城市发展需求和节约用电、保护环境的城市照明专项规划，要抓紧修改。全面推行规划评审和规划管理，突出城市照明专项规划引导资源节约的前瞻性和权威性的作用，从源头上把好资源节约和有效利用关。从严确定规划强制性内容，并实行长效管理。

（六）提高信息网络化水平，增强科技支撑能力

建设和不断完善绿色照明信息网络平台、绿色照明管理业务应用平台和信息资源服务平台。深入开展绿色照明新型节能产品、新工艺、新技术等战略与理论研究。增强自主创新能力，加强重大关键技术的科技攻关、技术开发和应用，加快相关制造业的产业升级。积极引进、消化、吸收国际先进理念和技术。加强科技创新基地和国家重点城市照明专项实验室及检测技术中心建设，重点培养和选拔一批学术或技术带头人，充分发挥科技专家的咨询和技术支持作用，为绿色照明建设管理提供人才保障。

（七）加大宣传力度，提高全社会绿色照明意识

广泛深入持久开展绿色照明宣传，提高全民的资源忧患和节约意识，增强全社会的照明节能意识和可持续发展意识。要充分利用新闻出版、广播影视、文化教育等各种社会宣传阵地，积极开展绿色照明宣传，大力宣传“节约资源和保护环境是基本国策”，大力宣传实施城市绿色照明的意义、目标和任务，大力宣传绿色照明示范工程的成效和经验。要通过知识讲座、经验交流、举办宣传周、现场参观等各种生动活泼的宣传教育活动，吸引社会各界广泛参与，使绿色照明逐步成为全社会的共识。要建立绿色照明宣传专项资金。

四、保障措施

（一）健全法规及标准体系，完善管理机制

切实履行政府职能，强化政策导向。健全和完善法规、标准。规范作业市场管理，结合照明行业实际，统筹道路照明和景观照明，整合资源，节约资源。发挥政府资金的功效，建立统一管理体制，使城市照明规划设计更专业、建设施工更规范、运行监控更科学、产品器材选用更合理。坚持依法管理。充分运用国家现有的质检网络和机制，加强器材市场管理。使各环节科学运作，各参与主体协调配合，整个照明相关产业积极联动。

（二）建立完善节能评价体系，加强节能目标考核

各城市应根据实际建立完善适应本地实际的城市绿色照明节能评价体系，科学综合考虑评价节能效果。要尽快建立健全城市照明节能管理统计、监测制度，严格执行设计、施工、管理等专业标准和单位能耗限额指标，实行城市照明消耗成本管理。建立城市绿色照明、节能目标责任制。把绿色科学合理照明、节能考核指标、装灯普及率目标、专项经费投入使用情况纳入城市建设管理、生态园林城市等考核内容。通过普查、自查、专项查等不同形式，查找问题，制定落实整改措施，充分挖掘节能潜力，提高各地开展绿色照明的主动性和创造性。

（三）推进城市绿色照明节能产业化

以市场为导向，建立推动和实施节能措施的新机制，推动城市照明节能的产业化进程，提高能源利用效率。按照规范选择确定专业服务机构，不断提升专业服务机构

的能力。通过合同能源管理等方式，聘请专业服务机构参与城市照明节能改造，提供能源效率审计、节能项目设计、采购、施工、培训、运行、维护、监测等综合性服务，并通过与客户分享节能效益赢利，实现滚动发展和双赢发展。

（四）综合运用各种手段，加强政府引导与市场调节合力

积极完善政府主导、市场推进、公众参与的城市绿色照明机制。综合运用各种手段，特别是价格、税收等经济手段，促进节约使用和合理利用资源。总结地方实践经验，加强政府引导扶持，探索建立节能奖励政策，加强政府节能采购管理，鼓励市场主体参与高效节电照明产品的研发和生产，推动节能市场化运作，形成节能项目的效益保障机制，提高效率，降低成本，促进节能产业化，保证绿色照明工程的持续推进。

（五）增加投入，保障城市绿色照明工程顺利推进

充分调动各级政府和社会的积极性，采取多渠道筹措资金的办法，积极整合多方面资源，不断加大投入力度，深入推进城市绿色照明工程。将公共公益性城市照明所需经费，纳入公共财政体系；城市照明专项经费做到足额专款专用，为推进城市绿色照明工程提供资金保障。各地要探索建立健全专项照明节能资金，在节能资金中发挥节能效应，在节能效益中扩大资金基数，形成节能的良性互动。

（六）加强组织领导，努力开创城市绿色照明工作新局面

抓好城市绿色照明工作，是市政公用事业贯彻科学发展观的必然要求，各地要切实加强对城市绿色照明工程的组织领导，把这项工作摆上重要议事日程，纳入城市建设和管理的工作部署，认真制订实施方案，明确职能部门，落实有效措施，建立目标管理责任制。要加强调查研究，加强检查督促，及时协调解决实施过程中的问题，保证城市绿色照明工作的顺利推进。

附录四：关于半导体照明节能产业发展意见通知

各省、自治区、直辖市及计划单列市、副省级省会城市、新疆生产建设兵团发展改革委、经贸委（经委、经信委、工信委、工信厅）、科技厅（科委）、财政厅（局）、住房城乡建设厅（建委、建设局）、质量技术监督局：

为推动我国半导体照明节能产业健康有序发展，培育新的经济增长点，扩大消费需求，促进节能减排，国家发展改革委、科技部、工业和信息化部、财政部、住房城乡建设部、国家质检总局联合制定了《半导体照明节能产业发展意见》。现印发给你们，请结合实际贯彻落实。

附：半导体照明节能产业发展意见

国家发展改革委
科技部
工业和信息化部
财政部
住房城乡建设部
国家质检总局
二〇〇九年九月二十二日

附件：《半导体照明节能产业发展意见》

半导体照明是继白炽灯、荧光灯之后照明光源的又一次革命。半导体照明技术发展迅速、应用领域广泛、产业带动性强、节能潜力大，被各国公认为最有发展前景的高效照明产业。为推动我国半导体照明节能产业健康有序发展，培育新的经济增长点，扩大消费需求，促进节能减排，特制订本意见。

一、半导体照明节能产业发展现状与趋势

半导体照明亦称固态照明，是指用固态发光器件作为光源的照明，包括发光二极管（LED）和有机发光二极管（OLED），具有耗电量少、寿命长、色彩丰富、耐震动、可控性强等特点。上游产业外延材料与芯片制造，属于技术和资金密集行业；中游产业器件与模块封装以及下游产业显示与照明应用，属于技术和劳动密集行业。

20 世纪 90 年代以来，半导体照明技术不断突破，应用领域日益扩展。在指示、显示领域的技术基本成熟，已得到广泛应用；在中大尺寸背光源领域的技术日趋成熟，市场占有率逐步提高；在功能性照明领域的技术刚刚起步，处于试点示范阶段。此外，医疗、农业等特殊领域的半导体照明技术方兴未艾。

近几年，半导体照明产业发展迅速，美国、日本、欧洲、韩国、中国台湾地区在不同领域具有较强优势，全球产值年增长率保持在20%以上。我国先后启动了绿色照明工程、半导体照明工程，在十大重点节能工程、高技术产业化示范工程、企业技术升级和结构调整专项、“863”计划新材料领域中先后支持半导体照明技术的研发和产业化项目，具备了较好的研发基础，初步形成了完整的产业链，并在下游集成应用方面具有一定优势。2008年我国半导体照明总产值近700亿元，其中芯片产值19亿元，封装产值185亿元，应用产品产值450亿元。从长远发展看，世界照明工业正在转型，许多国家提出淘汰白炽灯、推广节能灯计划，将半导体照明节能产业作为未来新的经济增长点。随着我国产业结构调整、发展方式转变进程的加快，半导体照明节能产业作为节能减排的重要措施迎来了新的发展机遇期。

二、半导体照明节能产业发展存在的主要问题

虽然我国半导体照明节能产业发展取得积极进展，但是还面临着许多急需解决的问题。

（一）专利和核心技术缺乏

目前半导体照明的主流技术专利多为发达国家所控制，企业发展面临的专利风险日益加大。核心装备MOCVD（金属有机源化学气相沉积设备）基本依赖进口。研发投入不足，缺乏支持基础理论研究的长效机制，共性技术研发平台尚不完善，关键技术研发没有形成合力。

（二）产业整体水平较低

我国半导体照明生产企业超过3000家，其中70%集中于下游产业，且技术水平和产品质量参差不齐。国产LED外延材料、芯片以中低档为主，80%以上的功率型LED芯片、器件依赖进口。企业规模小，集中度低，产品不定型，不利于形成竞争优势和知名品牌。

（三）标准和检测体系尚未建立

检测设备、检测方法研发和标准制定工作不能适应产业快速发展的要求。半导体照明产品的标准与检测体系建设亟待完善，权威检测平台尚未建立，无法对现有半导体照明产品进行质量评价或认证。

（四）低水平盲目投资现象严重

目前不少地方将半导体照明节能产业作为发展的重点产业，加大支持力度，但也同时存在盲目投资、低水平建设的现象，一些地方政府不顾经济效益对道路照明进行盲目改造，过度投入景观照明，导致产业无序竞争，产品质量良莠不齐，资源浪费严重，影响消费者信心，不利于产业健康发展。

三、半导体照明节能产业发展的指导思想、基本原则、发展目标及重点领域

（一）指导思想

全面落实科学发展观，围绕扩内需、保增长、调结构、惠民生，大力实施绿色照明工程，以增强自主创新能力和扩大绿色消费需求为主线，以抢占未来竞争制高点为目标，以市场为导向、以企业为主体、以试点示范工程为依托，以改善制约产业发展环境为手段，形成一批拥有自主知识产权、知名品牌和较强市场竞争力的骨干企业，实现技术上的重点突破和产业上的重点跨越，培育振兴我国半导体照明节能产业，推动节能减排，促进经济平稳较快发展。

（二）基本原则

坚持扩大内需与长远发展相结合。发展半导体照明节能产业代表世界照明工业的未来发展方向，不仅是应对金融危机、保持经济平稳较快发展的重要突破口，也是催生新技术革命、培育新兴产业、促进节能减排、应对全球气候变化的重要途径。

坚持产业发展与结构优化相结合。发展半导体照明节能产业，要从区域产业实际出发，注重推动传统照明行业的结构优化，提升半导体照明上下游企业的资源整合和产业集中，带动关联产业的协同发展，实现区域产业结构的优化升级。

坚持技术引领与需求带动相结合。半导体照明节能产业要以技术创新为支撑、社会需求为导向谋求发展。企业在遵循产业发展规律、增强自主创新能力的同时，要努力把握市场脉搏，积极拓展消费市场，形成以市场应用促进科技创新、以科技创新带动市场需求的良性循环。

坚持政府引导与市场机制相结合。发展半导体照明节能产业要在政府宏观政策引导下充分发挥市场配置资源的基础性作用，创新体制机制，形成有利于产业发展的政策环境和市场环境，调动市场主体的积极性。

（三）发展目标

到2015年，半导体照明节能产业产值年均增长率在30%左右；产品市场占有率逐年提高，功能性照明达到20%左右，液晶背光源达到50%以上，景观装饰等产品市场占有率达到70%以上；企业自主创新能力明显增强，大型MOCVD装备、关键原材料以及70%以上的芯片实现国产化，上游芯片规模化生产企业3~5家；产业集中度显著提高，拥有自主品牌、较大市场影响力的骨干龙头企业10家左右；初步建立半导体照明标准体系；实现年节电400亿千瓦时，相当于年减排二氧化碳4000万吨。

（四）重点领域

技术与装备。支持MOCVD装备、新型衬底、高纯MO源（金属有机源）等关键设备与材料的研发；开展氮化镓材料、OLED材料与器件的基础性研发；支持半导体照明应用基础理论研究，包括光度学、色度学、测量学等；攻克半导体照明产业化共性关键技术，包括大功率芯片和器件、驱动电路及标准化模组、系统集成与应用等技术。

照明产品。开发和推广替代白炽灯、卤钨灯等节能效果显著、性价比高的半导体照明定型产品；开发和推广停车场、隧道、道路等性能要求高、照明时间长的功能性半导体照明定型产品；发展中大尺寸液晶显示背光源、汽车照明等增长潜力大的半导体照明产品；发展医疗、农业等特殊用途的半导体照明产品。

服务体系。完善具有国际水平的半导体照明产品检测平台；支持建立公共信息服务、跨学科设计创意以及人才培养平台；鼓励开展节能诊断、咨询评价、产品推广、宣传培训等服务；推广合同能源管理、需求侧管理等节能服务新机制。

四、半导体照明节能产业发展的政策措施

（一）统筹规划，促进产业健康有序发展

各级发展改革、经贸、科技、工业和信息化、财政、住房城乡建设、质检等主管部门要按照职责分工，各司其职，加强协调，形成合力，积极推进半导体照明节能产业健康有序发展。加强对半导体照明节能产业发展的指导，严格落实国家产业政策和项目管理规定，科学规划，合理布局，避免盲目扩张和低水平重复建设，不断提高产业集中度，推动区域产业专业化、特色化、集群化发展。加强城市道路照明、景观照明新建和改建工程的论证工作，统一规划设计，避免盲目拆换和过度亮化。

（二）继续加大半导体照明技术创新支持力度

科技部、国家发展改革委、工业和信息化部等部门要继续通过国家“973”计划、“863”计划、高技术产业化示范工程等渠道，加大对半导体照明领域的科学研究和技术应用的支持力度；有效整合和利用现有科技资源，加强国家重点实验室、国家工程实验室、国家工程中心建设，形成基础科学研究的长效机制以及成果可转移、利益可共享的合作开发机制。通过引进消化吸收再创新，联合各方集中攻克 MOCVD 装备等核心技术。组织实施“十城万盏”工程，结合市场需求，不断强化产品的集成创新。进一步实施专利战略，建立专利池，增强产业核心竞争力。

（三）稳步提升半导体照明产业发展水平

国家发展改革委员会、财政部、科技部、工业和信息化部、住房城乡建设部等部门以及地方政府要加大投入，积极引导社会投资，重点支持有一定规模和技术实力，特别是拥有自主知识产权的企业，通过技术改造扩大生产规模，提升核心竞争力和产业化水平。组织实施半导体照明试点示范工程，通过中央预算内投资支持一批示范项目，包括道路、工矿企业、商厦和家庭等功能性照明的新建和改造，并加强监督和评估。支持优势企业兼并重组，提高产业集中度和规模化水平，培育形成一批龙头企业和知名品牌。

（四）积极推动半导体照明标准制定、产品检测和节能认证工作

国家质检总局、国家发展改革委员会、财政部、工业和信息化部、科技部、住房城乡建设部要加强半导体照明产品相关基础标准、产品标准和测试方法标准的研究，加大检测设备投入，提高国家级检测机构对半导体照明产品的检验和测试能力。尽快制定出台重点支持和推广半导体照明产品的技术规范。研究建立半导体照明标准体系，逐步出台产品的检测标准、安全标准、性能标准和能效标准，积极参与国际标准制定。针对不同的半导体照明产品分重点、有步骤地研究开展节能认证工作。

（五）积极实施促进半导体照明节能产业发展的鼓励政策

各级财税、发展改革、科技等部门要推动落实国家对生产新型节能照明产品的企业，从事国家鼓励发展的项目进口自用设备以及按照合同随设备进口的技术及配套件、备件，在规定范围内免征进口关税的优惠政策。鼓励采购国产 MOCVD 装备，建立使用国产装备的风险补偿机制，支持关键装备国产化。推动将半导体照明产品和关键装备列入节能环保产品目录，享受相应鼓励政策。推动将半导体照明产品纳入节能产品政府采购清单。在道路、工矿企业、商厦和家庭等领域选择推广相对成熟的半导体照明产品，条件成熟时纳入财政补贴政策支持范围。

（六）广泛开展半导体照明节能的宣传教育和人才培养

各地区、有关部门要积极开展科学的舆论宣传，正确认识半导体照明产品的优势和不足，科学投资，理性消费，为半导体照明节能产业发展营造良好的舆论环境。抓好人才培养，支持高等院校、职业学校、研究机构开设相关学科教育。引导人才合理流动，创造良好的人才培养、引进和流动环境。

（七）加强区域和国际间的交流与合作

有关部门要研究出台相关措施，加快海峡两岸半导体照明在标准、检测、应用等领域的交流与合作。积极推动与联合国开发计划署、全球环境基金等国际组织和有关国家政府，在逐步淘汰白炽灯、加快推广节能灯等领域的合作，提出我国逐步淘汰白炽灯、加快推广节能灯以及半导体照明产品的路线图和专项规划。开展半导体照明国际技术交流，与有关国际组织和国家建立合作机制，引进国外的先进技术和管理经验，不断拓展半导体照明国际合作的领域和范围。

附录五：国务院办公厅转发发展改革委等部门关于加快推行合同能源管理　促进节能服务产业发展意见的通知

各省、自治区、直辖市人民政府，国务院各部委、各直属机构：

发展改革委、财政部、人民银行、税务总局《关于加快推行合同能源管理　促进节能服务产业发展的意见》已经国务院同意，现转发给你们，请认真贯彻执行。

国务院办公厅
二〇一〇年四月二日

关于加快推行合同能源管理　促进节能服务产业发展的意见

发展改革委财政部人民银行税务总局

根据《中华人民共和国节约能源法》和《国务院关于加强节能工作的决定》（国发〔2006〕28号）、《国务院关于印发节能减排综合性工作方案的通知》（国发〔2007〕15号）等文件精神，为加快推行合同能源管理，促进节能服务产业发展，现提出以下意见：

一、充分认识推行合同能源管理、发展节能服务产业的重要意义

合同能源管理是发达国家普遍推行的、运用市场手段促进节能的服务机制。节能服务公司与用户签订能源管理合同，为用户提供节能诊断、融资、改造等服务，并以节能效益分享方式回收投资和获得合理利润，可以大大降低用能单位节能改造的资金和技术风险，充分调动用能单位节能改造的积极性，是行之有效的节能措施。我国20世纪90年代末引进合同能源管理机制以来，通过示范、引导和推广，节能服务产业迅速发展，专业化的节能服务公司不断增多，服务范围已扩展到工业、建筑、交通、公共机构等多个领域。2009年，全国节能服务公司达502家，完成总产值580多亿元，形成年节能能力1350万吨标准煤，对推动节能改造、减少能源消耗、增加社会就业发挥了积极作用。但也要看到，我国合同能源管理还没有得到足够的重视，节能服务产业还存在财税扶持政策少、融资困难以及规模偏小、发展不规范等突出问题，难以适应节能工作形势发展的需要。加快推行合同能源管理，积极发展节能服务产业，是利用市场机制促进节能减排、减缓温室气体排放的有力措施，是培育战略性新兴产业、形成新的经济增长点的迫切要求，是建设资源节约型和环境友好型社会的客观需要。各地区、各部门要充分认识推行合同能源管理、发展节能服务产业的重要意义，采取切实有效措施，努力创造良好的政策环境，促进节能服务产业加快发展。

二、指导思想、基本原则和发展目标

（一）指导思想

高举中国特色社会主义伟大旗帜，以邓小平理论和“三个代表”重要思想为指导，深入贯彻落实科学发展观，充分发挥市场机制作用，加强政策扶持和引导，积极推行合同能源管理，加快节能新技术、新产品的推广应用，促进节能服务产业发展，不断提高能源利用效率。

（二）基本原则

一是坚持发挥市场机制作用。充分发挥市场配置资源的基础性作用，以分享节能效益为基础，建立市场化的节能服务机制，促进节能服务公司加强科技创新和服务创新，提高服务能力，改善服务质量。

二是加强政策支持引导。通过制定完善激励政策，加强行业监管，强化行业自律，营造有利于节能服务产业发展的政策环境和市场环境，引导节能服务产业健康发展。

（三）发展目标

到2012年，扶持培育一批专业化节能服务公司，发展壮大一批综合性大型节能服务公司，建立充满活力、特色鲜明、规范有序的节能服务市场。到2015年，建立比较完善的节能服务体系，专业化节能服务公司进一步壮大，服务能力进一步增强，服务领域进一步拓宽，合同能源管理成为用能单位实施节能改造的主要方式之一。

三、完善促进节能服务产业发展的政策措施

（一）加大资金支持力度

将合同能源管理项目纳入中央预算内投资和中央财政节能减排专项资金支持范围，对节能服务公司采用合同能源管理方式实施的节能改造项目，符合相关规定的，给予资金补助或奖励。有条件的地方也要安排一定资金，支持和引导节能服务产业发展。

（二）实行税收扶持政策

在加强税收征管的前提下，对节能服务产业采取适当的税收扶持政策。

一是对节能服务公司实施合同能源管理项目，取得的营业税应税收入，暂免征收营业税，对其无偿转让给用能单位的因实施合同能源管理项目形成的资产，免征增值税。

二是节能服务公司实施合同能源管理项目，符合税法有关规定的，自项目取得第一笔生产经营收入所属纳税年度起，第一年至第三年免征企业所得税，第四年至第六年减半征收企业所得税。

三是用能企业按照能源管理合同实际支付给节能服务公司的合理支出，均可以在计算当期应纳税所得额时扣除，不再区分服务费用和资产价款进行税务处理。

四是能源管理合同期满后，节能服务公司转让给用能企业的因实施合同能源管理项目形成的资产，按折旧或摊销期满的资产进行税务处理。节能服务公司与用能企业办理上述资产的权属转移时，也不再另行计入节能服务公司的收入。

上述税收政策的具体实施办法由财政部、税务总局会同发展改革委等部门另行制定。

（三）完善相关会计制度

各级政府机构采用合同能源管理方式实施节能改造，按照合同支付给节能服务公司的支出视同能源费用进行列支。事业单位采用合同能源管理方式实施节能改造，按照合同支付给节能服务公司的支出计入相关支出。企业采用合同能源管理方式实施节能改造，如购建资产和接受服务能够合理区分且单独计量的，应当分别予以核算，按照国家统一的会计准则制度处理；如不能合理区分或虽能区分但不能单独计量的，企业实际支付给节能服务公司的支出作为费用列支，能源管理合同期满，用能单位取得相关资产作为接受捐赠处理，节能服务公司作为赠与处理。

（四）进一步改善金融服务

鼓励银行等金融机构根据节能服务公司的融资需求特点，创新信贷产品，拓宽担保品范围，简化申请和审批手续，为节能服务公司提供项目融资、保理等金融服务。节能服务公司实施合同能源管理项目投入的固定资产可按有关规定向银行申请抵押贷款。积极利用国外的优惠贷款和赠款加大对合同能源管理项目的支持。

四、加强对节能服务产业发展的指导和服务

（一）鼓励支持节能服务公司做大做强

节能服务公司要加强服务创新，加强人才培养，加强技术研发，加强品牌建设，不断提高综合实力和市场竞争力。鼓励节能服务公司通过兼并、联合、重组等方式，实行规模化、品牌化、网络化经营，形成一批拥有知名品牌，具有较强竞争力的大型服务企业。鼓励大型重点用能单位利用自己的技术优势和管理经验，组建专业化节能服务公司，为本行业其他用能单位提供节能服务。

（二）发挥行业组织的服务和自律作用

节能服务行业组织要充分发挥职能作用，大力开展业务培训，加快建设信息交流平台，及时总结推广业绩突出的节能服务公司的成功经验，积极开展节能咨询服务。要制定节能服务行业公约，建立健全行业自律机制，提高行业整体素质。

（三）营造节能服务产业发展的良好环境

地方各级人民政府要将推行合同能源管理、发展节能服务产业纳入重要议事日程，加强领导，精心组织，务求取得实效。政府机构要带头采用合同能源管理方式实施节能改造，发挥模范表率作用。各级节能主管部门要采取多种形式，广泛宣传推行合同能源管理的重要意义和明显成效，提高全社会对合同能源管理的认知度和认同感，营造推行合同能源管理的有利氛围。要加强用能计量管理，督促用能单位按规定配备能源计量器具，为节能服务公司实施合同能源管理项目提供基础条件。要组织实施合同能源管理示范项目，发挥引导和带动作用。要加强对节能服务产业发展规律的研究，积极借鉴国外的先进经验和有益做法，协调解决产业发展中的困难和问题，推进产业持续健康发展。

附录六：《城市照明管理规定》

中华人民共和国住房和城乡建设部令第4号

《城市照明管理规定》已经第55次部常务会议审议通过，现予发布，自2010年7月1日起施行。

住房和城乡建设部部长　姜伟新

二〇一〇年五月二十七日

城市照明管理规定

第一章　总　则

第一条　为了加强城市照明管理，促进能源节约，改善城市照明环境，制定本规定。

第二条　城市照明的规划、建设、维护和监督管理，适用本规定。

第三条　城市照明工作应当遵循以人为本、经济适用、节能环保、美化环境的原则，严格控制公用设施和大型建筑物装饰性景观照明能耗。

第四条　国务院住房和城乡建设主管部门指导全国的城市照明工作。

省、自治区人民政府住房和城乡建设主管部门对本行政区域内城市照明实施监督管理。

城市人民政府确定的城市照明主管部门负责本行政区域内城市照明管理的具体工作。

第五条　城市照明主管部门应当对在城市照明节能工作中做出显著成绩的单位和个人给予表彰或者奖励。

第二章　规划和建设

第六条　城市照明主管部门应当会同有关部门，依据城市总体规划，组织编制城市照明专项规划，报本级人民政府批准后组织实施。

第七条　城市照明主管部门应当委托具备相应资质的单位承担城市照明专项规划的编制工作。

编制城市照明专项规划，应当根据城市经济社会发展水平，结合城市自然地理环境、人文条件，按照城市总体规划确定的城市功能分区，对不同区域的照明效果提出要求。

第八条　从事城市照明工程勘察、设计、施工、监理的单位应当具备相应的资质；

相关专业技术人员应当依法取得相应的执业资格。

第九条　城市照明主管部门应当依据城市照明专项规划，组织制定城市照明设施建设年度计划，报同级人民政府批准后实施。

第十条　新建、改建城市照明设施，应当根据城市照明专项规划确定各类区域照明的亮度、能耗标准，应当符合国家有关标准规范。

第十一条　政府投资的城市照明设施的建设经费，应当纳入城市建设资金计划。国家鼓励社会资金用于城市照明设施的建设和维护。

第十二条　新建、改建城市道路项目的功能照明装灯率应当达到100%。

与城市道路、住宅区及重要建（构）筑物配套的城市照明设施，应当按照城市照明规划建设，与主体工程同步设计、施工、验收和使用。

第十三条　对符合城市照明设施安装条件的建（构）筑物和支撑物，可以在不影响其功能和周边环境的前提下，安装照明设施。

第三章　节约能源

第十四条　国家支持城市照明科学技术研究，推广使用节能、环保的照明新技术、新产品，开展绿色照明活动，提高城市照明的科学技术水平。

第十五条　国家鼓励在城市照明设施建设和改造中安装和使用太阳能、风能等可再生能源利用系统。

第十六条　城市照明主管部门应当依据城市照明规划，制定城市照明节能计划和节能技术措施，优先发展和建设功能照明，严格控制景观照明的范围、亮度和能耗密度，并依据国家有关规定，限时全部淘汰低效照明产品。

第十七条　城市照明主管部门应当定期开展节能教育和岗位节能培训，提高城市照明维护单位的节能水平。

第十八条　城市照明主管部门应当建立城市照明能耗考核制度，定期对城市景观照明能耗等情况进行检查。

第十九条　城市照明维护单位应当建立和完善分区、分时、分级的照明节能控制措施，严禁使用高耗能灯具，积极采用高效的光源和照明灯具、节能型的镇流器和控制电器以及先进的灯控方式，优先选择通过认证的高效节能产品。

任何单位不得在城市景观照明中有过度照明等超能耗标准的行为。

第二十条　城市照明可以采取合同能源管理的方式，选择专业性能源管理公司管理城市照明设施。

第四章　管理和维护

第二十一条　城市照明主管部门应当建立健全各项规章制度，加强对城市照明设施的监管，保证城市照明设施的完好和正常运行。

第二十二条　城市照明设施的管理和维护，应当符合有关标准规范。

第二十三条　城市照明主管部门可以采取招标投标的方式确定城市照明设施维护单位，具体负责政府投资的城市照明设施的维护工作。

第二十四条　非政府投资建设的城市照明设施由建设单位负责维护；符合下列条

件的，办理资产移交手续后，可以移交城市照明主管部门管理：

（一）符合城市照明专项规划及有关标准；

（二）提供必要的维护、运行条件；

（三）提供完整的竣工验收资料；

（四）城市人民政府规定的其他条件和范围。

第二十五条　政府预算安排的城市照明设施运行维护费用应当专款专用，保证城市照明设施的正常运行。

第二十六条　城市照明设施维护单位应当定期对照明灯具进行清扫，改善照明效果，并可以采取精确等量分时照明等节能措施。

第二十七条　因自然生长而不符合安全距离标准的树木，由城市照明主管部门通知有关单位及时修剪；因不可抗力致使树木严重危及城市照明设施安全运行的，城市照明维护单位可以采取紧急措施进行修剪，并及时报告城市园林绿化主管部门。

第二十八条　任何单位和个人都应当保护城市照明设施，不得实施下列行为：

（一）在城市照明设施上刻划、涂污；

（二）在城市照明设施安全距离内，擅自植树、挖坑取土或者设置其他物体，或者倾倒含酸、碱、盐等腐蚀物或者具有腐蚀性的废渣、废液；

（三）擅自在城市照明设施上张贴、悬挂、设置宣传品、广告；

（四）擅自在城市照明设施上架设线缆、安置其他设施或者接用电源；

（五）擅自迁移、拆除、利用城市照明设施；

（六）其他可能影响城市照明设施正常运行的行为。

第二十九条　损坏城市照明设施的单位和个人，应当立即保护事故现场，防止事故扩大，并通知城市照明主管部门。

第五章　法律责任

第三十条　不具备相应资质的单位和不具备相应执业资格证书的专业技术人员从事城市照明工程勘察、设计、施工、监理的，依照有关法律、法规和规章予以处罚。

第三十一条　违反本规定，在城市景观照明中有过度照明等超能耗标准行为的，由城市照明主管部门责令限期改正；逾期未改正的，处以1000元以上3万元以下的罚款。

第三十二条　违反本规定，有第二十八条规定行为之一的，由城市照明主管部门责令限期改正，对个人处以200元以上1000元以下的罚款；对单位处以1000元以上3万元以下的罚款；造成损失的，依法赔偿损失。

第三十三条　城市照明主管部门工作人员玩忽职守、滥用职权、徇私舞弊的，依法给予行政处分；构成犯罪的，依法追究刑事责任。

第六章　附　则

第三十四条　本规定下列用语的含义是：

（一）城市照明是指在城市规划区内城市道路、隧道、广场、住宅区、公园、公共绿地、名胜古迹以及其他建（构）筑物的功能照明或者景观照明。

（二）功能照明是指通过人工光以保障人们出行和户外活动安全为目的的照明。

（三）景观照明是指在户外通过人工光以装饰和造景为目的的照明。

（四）城市照明设施是指用于城市照明的照明器具以及配电、监控、节能等系统的设备和附属设施等。

第三十五条　镇、乡和未设镇建制工矿区的照明管理，可以参照本规定执行。各地可以根据本办法制定实施细则。

第三十六条　本规定自年起施行，《城市道路照明设施管理规定》（建设部令第21号）、《建设部关于修改〈城市道路照明设施管理规定〉的决定》（建设部令第104号）同时废止。

附录七：关于切实加强城市照明节能管理严格控制景观照明的通知

建城〔2010〕92号

各省、自治区住房城乡建设厅、发展改革委、经贸委（经委、经信委），北京市市政市容委、发展改革委，天津市市容委、发展改革委、经信委，上海市城乡建设交通委、发展改革委，重庆市市政管委、发展改革委、经信委，新疆生产建设兵团建设局、发展改革委：

为落实《国务院关于进一步加大工作力度确保实现“十一五”节能减排目标的通知》（国发〔2010〕12号）中关于城市照明节能管理的要求，确保完成城市照明“十一五”节能减排任务，现将有关要求通知如下：

一、提高认识，切实加强城市照明节能管理

（一）“十一五”期间，我国城市照明发展很快，对完善城市功能、改善城市环境、提高人民生活水平的作用显著。但是，城市照明，特别是景观照明的过快发展，加大了能源的需求，一些城市建设超标准、超豪华的景观照明工程，使用低效照明产品，浪费严重，造成供用电紧张。各地住房城乡建设（城市照明）主管部门要充分认识城市照明节能面临的严峻形势和艰巨任务，增强紧迫感，积极会同节能主管部门切实加强对城市照明节能工作的管理。当前，各地要严格控制公用设施和大型建筑物等景观照明能耗，严格控制景观照明建设规模，坚决淘汰低效照明产品，落实工作责任，果断采取强有力、见效快的措施，确保完成“十一五”城市照明节能减排任务。

二、加大力度，确保主要工作任务按时完成

（二）各地要依据城市照明专项规划，严格控制景观照明范围和规模。按照《城市夜景照明设计规范》（JGJ/T163—2008）的规定，严格控制公用设施和大型建筑等景观照明能耗，严禁建设亮度、能耗超标的景观照明工程，严禁在景观照明中使用强力探照灯、大功率泛光灯、大面积霓虹灯等高亮度、高能耗灯具。严格执行《城市道路照明设计标准》（CJJ45—2006）的规定，停止在城区干道上大范围建设多光源装饰性灯具和无控光器灯具的照明设施。

（三）加快淘汰低效照明产品。东中部地区和有条件的西部地区，要严格按照国发〔2010〕12号文件的要求，全部淘汰城市道路照明使用的白炽灯、高压汞灯、能效指标未达到国家标准的高压钠灯、金属卤化物灯等光源产品和镇流器产品。

三、建立健全城市照明节能管理的长效管理机制

（四）各地住房城乡建设（城市照明）主管部门要依据《城市照明管理规定》和相关法律法规，结合本地区、本城市的实际情况，抓紧制定和完善配套的办法，建立和完善城市照明管理体系。加强城市照明节能管理，建立城市照明节电目标责任制，制定并落实节能计划和节能技术措施，降低能源消耗。

（五）加强城市照明专项规划管理。各地要按照当前节能减排的要求，修订完善城市照明专项规划。进一步核查城市照明专项规划中有关照明节能的要求和措施，对不符合节能要求的城市照明专项规划，要抓紧修改。要加强规划管理，从源头上把好节能关。

（六）加强城市照明工程建设监管。城市照明工程建设的立项、设计、施工、监理、验收等环节，要认真落实《城市夜景照明设计规范》（JGJ/T163—2008）和《城市道路照明设计标准》（CJJ45—2006）的相关规定，保证现有节能标准的执行。

（七）加强城市照明设施节能的运行管理。各地要制定城市照明设施节能管理规定，采取节能计量考核措施；实施城市照明集中管理、集中控制和分时控制模式，科学合理安排照明开关时间；在用电紧张时要确保城市道路、广场等功能照明的正常运行，严格控制景观照明。要积极推广合同能源管理方式，选择合适的区域、路段对城市照明节能改造项目进行合同能源管理试点。

（八）各地要采取积极措施，深入开展城市照明节电宣传，树立照明节能意识，普及相关知识。积极推广使用照明节能新产品、新技术，在条件适合的地区鼓励使用可再生能源技术，全面推动城市照明节能改造工作。

四、加大监督检查力度

（九）各地城市住房城乡建设（城市照明）主管部门要会同同级节能主管部门，依照本通知要求，从2010年7月开始，对城市景观照明已建、在建和待建项目和城市道路照明中使用的低效照明产品情况进行专项检查，对不符合城市照明专项规划要求，景观照明能耗、亮度超标的项目，限期采取措施进行整改；抓紧完成“十一五”期间全部淘汰城市道路照明低效照明产品任务的计划，下更大决心，花更大力气，稳步实施。

（十）省级住房城乡建设主管部门要会同同级节能主管部门对本地区城市照明节能任务落实情况进行监督检查。各地要依照《城市道路照明设计标准》（CJJ45—2006）和《城市夜景照明设计规范》（JGJ/T163—2008）和国家有关城市照明节能的要求，对城市景观过度照明情况进行检查，对超标准、超能耗的景观照明坚决予以制止，并通报批评。各地要在10月底之前将检查结果上报住房城乡建设部和国家发展改革委。今年底前我们将对直辖市、计划单列市、省会城市的景观照明进行专项检查。

中华人民共和国住房和城乡建设部
中华人民共和国国家发展和改革委员会
二〇一〇年六月十七日